動物看護学教育標準カリキュラム準拠教科書

専門基礎分野

動物医療関連法規

全国動物保健看護系大学協会　カリキュラム検討委員会　編

序　文

　近年の獣医学および獣医療の多様化・高度化には目を見張るものがあり、複雑多岐に変容する獣医療に対応するためには、獣医学教育の高度化は必然である。それと同時に獣医療を補助・支援し、生命倫理の理念に基づく動物看護や臨床検査等の高度な専門技術者の育成を求める声が高まっていることは周知のとおりであろう。

　動物保健看護教育を推進する大学（倉敷芸術科学大学、帝京科学大学、日本獣医生命科学大学、ヤマザキ学園大学、酪農学園大学 ＜五十音順＞）では、動物保健看護学教育の推進と動物看護並びに獣医療の発展に貢献することを目的として、2008 年に全国動物保健看護系大学協会を設立した。動物看護学教育における標準カリキュラムの作成と検証、それらに対応した教科書作成、さらにカリキュラムの改訂は大学の使命だといえる。

　これまで、当協会では、高位平準化を目標にした動物看護学教育標準カリキュラムを 2008 年から 2011 年まで検討を重ね、2011 年 12 月には「動物看護学モデル・コア・カリキュラムの基準となる教育項目一覧」を策定した。その後、動物看護学教育において専修学校と大学が異なるカリキュラムで、異なる教育を行うのは混乱を招くという理由から、全国動物教育協議会とカリキュラムの整合性を図り、内容や単位数を削減して 2012 年 11 月に「動物看護学教育標準カリキュラム」を公表した。

　動物看護学教育標準カリキュラムに沿った一定基準の教育を進めるためには、教材としてカリキュラム準拠教科書が必須であり、2013 年 4 月より本格的に制作を開始させた。

　動物看護学教育におけるこのような本格的な教科書制作は、日本で初めての取り組みである。そのため、基となる適切な資料がなく、時間的制約も厳しいなかで、制作は困難を極めた。このような状況の中でほとんどの科目のカリキュラム準拠教科書が発刊した。出版に携わった多くの著者の先生方、編集委員の先生方には心から感謝したい。さらに、カリキュラム準拠教科書制作の過程で、加えた方が良い内容や軽減すべき内容、他の科目で取り扱った方が適当と考えられる内容等、さまざまな意見が出てきた。また、カリキュラム検証委員会も立ち上がり、各大学間でのカリキュラム導入状況を調査検証することになった。種々の活動の中で標準カリキュラムの改訂を行う必要がある。

　この動物看護学教育標準カリキュラム準拠教科書の存在が、日本での動物看護学の高位平準化に少しでも貢献できることを願ってやまない。

2015 年 3 月吉日

全国動物保健看護系大学協会
動物看護学教育標準カリキュラム検討委員会委員長
左向敏紀

動物看護学教育標準カリキュラム準拠
「動物医療関連法規」発刊にあたって

　近時、動物看護領域は、人と動物の関係の変化や動物医療の高度化、動物看護職の知識及び技術の専門化等を背景として著しい発展を続け、今やさらなる飛躍のときを迎えている。本書はこの動物看護領域とかかわりのある法規について、読者に基本的な情報を提供するためのテキストである。

　動物看護職の業務は、日々、多くの面で複雑化している。さらに今後、動物看護職が、動物医療をはじめとして、動物衛生、公衆衛生、動物福祉等の諸分野へと、その活躍の場を広げていくことが期待されるが、業務の専門化や職域の拡大に伴い、動物看護職がかかわる法規も多様化し、かつ相互に複雑に関連しあうようになる。本書はこのような動物看護領域の将来的発展という観点から、重要と考えられる法規を概観するものである。

　本書は総論と各論の2部から構成される。総論第1章では「法の基礎知識」として、法規を学ぶにあたって必要となる基本的事項を取り上げた。総論第2章では、「各分野・領域に関する法規」として、伴侶動物、生産動物等の各領域にかかわる法規を横断的にまとめた。各論では、「獣医事」、「家畜衛生行政」、「公衆衛生行政」、「薬事」、「環境行政」の全5章において、動物看護領域にかかわりの深い重要な法規について、基本的な枠組みを示した。

　執筆はそれぞれの分野に造詣の深い研究者及び実務家が担当した。論述のあり方については各執筆者の方針に従ったが、いずれの章においても近時の動物看護をめぐる様々な動向を踏まえ、現段階における法制度と動物看護実務との関係、動物看護領域における今後の課題等を提示する内容になっている。

　本書の読者としては、大学や専門学校で動物看護学を学ぶ学生が想定される。したがって、本書を手にする前に、あらかじめ法規に関する基礎的な知識に接したことのある読者は、それほど多くないものと思われる。初めて学ぶ方々にとっては、法規とはいかにも難解な存在であることと推察されるが、日ごろ意識することはなくても、法規が日常の動物看護業務と密接なつながりをもち、必要不可欠の要素であることを感じとっていただけるように願っている。

　読者が、動物看護の現場をとりまく法の多様性とその内容について理解を深めることにより、本書が専門職としての動物看護職の社会的地位の確立と、動物看護領域の将来的発展に資するものとなれば幸いである。

　本書の刊行にあたっては、株式会社インターズーの高橋真規子氏と青山エディックススタジオの斉藤　智氏にひとかたならぬお世話になった。深く感謝する次第である。

2015 年 3 月吉日

全国動物保健看護系大学協会
動物看護学教育標準カリキュラム準拠「動物医療関連法規」制作委員会
牧野ゆき

監修者

牧野ゆき　日本獣医生命科学大学 准教授

執筆者一覧 （五十音順）

総　論

第2章（第1項、第3項、第4項）担当
青木博史
日本獣医生命科学大学 准教授

第1章、第2章（第1項、第2項）担当
牧野ゆき
上記参照

各　論

第2章（第1項、第3項）、第3章（第1項）、第4章（第2項）担当
青木博史
日本獣医生命科学大学 准教授

第4章（第1項）担当
平山紀夫
麻布大学 客員教授、日本獣医生命科学大学 客員教授

第2章（第2項）担当
藤井立哉
日本獣医生命科学大学 非常勤講師、ペットフード・テクノリサーチ代表

第1章、第3章（第2項、第4項）、第5章 担当
牧野ゆき
上記参照

第3章（第3項）担当
水越美奈
日本獣医生命科学大学 准教授

目　次

序文 ……………………………………………………………………………………… ii

「動物医療関連法規」発刊にあたって ……………………………………………… iii

著者一覧 ………………………………………………………………………………… iv

総　論

「総論」全体目標 ……………………………………………………………………… 1

第1章　法の基礎知識 …………………………………………………………… 3

1．法源 ……………………………………………………………………………… 3

2．実定法の分類 …………………………………………………………………… 4

3．「民事」と「刑事」と「行政」 ……………………………………………… 5

4．刑の種類 ………………………………………………………………………… 5

演習問題 …………………………………………………………………………… 7

第2章　各分野・領域に関する法規 …………………………………………… 9

1．各法規が対象とする動物種 …………………………………………………… 9

2．伴侶動物にかかわる法規 ……………………………………………………… 11

3．生産動物にかかわる法規 ……………………………………………………… 15

4．動物が関与するその他の法規 ………………………………………………… 17

演習問題 …………………………………………………………………………… 19

各　論

「各論」全体目標 ……………………………………………………………………… 21

第1章　獣医事行政法規 ………………………………………………………… 23

1．獣医師法 ………………………………………………………………………… 23

2．獣医療法 ………………………………………………………………………… 26

演習問題 …………………………………………………………………………… 30

v

目　次

第2章　家畜衛生行政法規 ··· **33**

1．家畜伝染病予防法 ··· 33

2．愛がん動物用飼料の安全性の確保に関する法律（ペットフード安全法）········ 39

3．その他の関連する法律 ··· 44

演習問題 ··· 46

第3章　公衆衛生行政法規 ··· **49**

1．感染症の予防及び感染症の患者に対する医療に関する法律（感染症法）········ 49

2．狂犬病予防法 ··· 55

3．身体障害者補助犬法 ··· 56

4．その他の関連する法律 ··· 63

演習問題 ··· 65

第4章　薬事行政法規 ··· **67**

1．医薬品、医療機器等の品質、有効性及び安全性の確保等に関する法律（医薬品医療機器等法）·· 67

2．その他の関連する法律 ··· 73

演習問題 ··· 75

第5章　環境行政関連法規 ··· **77**

1．動物の愛護及び管理に関する法律（動物愛護管理法）························· 77

2．特定外来生物による生態系等に係る被害の防止に関する法律（外来生物法）··· 84

3．絶滅のおそれのある野生動植物の種の保存に関する法律（種の保存法）········ 86

4．鳥獣の保護及び狩猟の適正化に関する法律（鳥獣保護法）····················· 87

5．絶滅のおそれのある野生動植物の種の国際取引に関する条約（ワシントン条約）··· 88

6．特に水鳥の生息地として国際的に重要な湿地に関する条約（ラムサール条約）··· 89

7．廃棄物の処理及び清掃に関する法律（廃棄物処理法）························· 90

演習問題 ··· 93

contents

索引 95

付録

獣医師法（抄） 100

  獣医師法施行令（抜粋） 101

  獣医師法施行規則（抜粋） 101

獣医療法（抄） 103

  獣医療法施行規則（抜粋） 104

家畜伝染病予防法（抄） 105

愛がん動物用飼料の安全性の確保に関する法律（抄） 114

感染症の予防及び感染症の患者に対する医療に関する法律（抄） 116

狂犬病予防法（抄） 120

  狂犬病予防法施行令（抜粋） 122

  狂犬病予防法施行規則（抜粋） 122

身体障害者補助犬法（抄） 124

医薬品、医療機器等の品質、有効性及び安全性の確保等に関する法律（抄） 127

動物の愛護及び管理に関する法律（抄） 137

  動物の愛護及び管理に関する法律施行規則（抜粋） 144

高度化と多様化が求められる獣医療において、獣医師と獣医療従事者によるチーム獣医療提供の重要性が叫ばれている。しかしながら、我が国において獣医療を行うことが法的に許可されているのは獣医師のみであり、動物看護師資格は国家資格や公的資格ではなく、職域も定まっていないのが現状である。

　よって本書は、人と関わりをもつ動物を対象とする獣医療において、将来的に獣医療のあるべき姿としてのチーム獣医療体制の整備を前提とした上で、動物看護師が獣医師の行う診療行為を理解するとともに、動物看護実践が果たす重要な役割について獣医師が理解するために活用することも視野に入れた記載内容としている。

　そのため、本書の記載そのものが、動物看護師が「獣医師法」で規定されている飼育動物の診療業務や、既に職域が定まっている他の専門職の業務（例えば、「保健師助産師看護師法」で規定されている看護業務など）を実施することを許容するものではないことに留意されたい。

全国動物保健看護系大学協会　カリキュラム検討委員会

動物看護学教育標準カリキュラムにおける

動物医療関連法規 総論
全体目標

動物看護師は、獣医療の高度化・多様化と

これらに対する社会的ニーズの高まりに、

的確に対応する動物看護を提供していくことが求められる。

そのためには動物看護師は、

動物看護のあらゆる場において主体的に考え、

適切な動物看護を提供する能力を備えている必要がある。

このような動物看護専門職としての

社会的責務を自覚するとともに、

動物看護師としての職業意識や価値観の形成をめざす。

第1章
法の基礎知識

キーワード	制定法　判例法　慣習法　条理　公法　私法　成文法　不文法　実体法　手続法
	強行法規　任意法規　民事責任　刑事責任　行政上の責任　刑の種類

　人は社会において多くの人と関わりあい、共に生きている。この社会的共同生活を秩序正しく営んでいくためには、一定の規律が不可欠である。社会の統一と秩序を保つために誰もが守らなければならない一定の規律のことを「社会規範」という。法はこの社会規範の一つである。

　社会規範である法は、必ずしも固定的なものではなく、その規律する社会の変化に応じて変化する。また、ただ受動的に変化するだけではなく、逆に、社会の変化に先んじて新しい法制度が整えられ、この法制度によって社会の側を変革させていく場合もある。

　以下においては、各論で個別の法律の内容について学ぶ前に、法律全体に共通する一般的な内容について概説する。

1.　法源

　「法源」とは、裁判における判断基準となる法のことである。わが国には、制定法、判例法、慣習法、条理の四つの法源がある。

■ 制定法

　「制定法」とは、国が制定した法のことである。制定法のうち、代表的なものは国会が制定する「法律」であるが、内閣が制定する「政令」、各省庁が制定する「省令」、都道府県・市町村等の地方公共団体が制定する「条例」等の法規もこれに含まれる。

　制定法は憲法―法律―政令―省令という段階的構造をなしている。これを「法の段階」という。上位の法規に抵触する下位の法規は無効である。また、ある事柄について法で定める場合、法律で抽象的な基準のみを定め、具体的・実質的な規定は政令（施行令等）や省令（施行規則等）で定めることも多い。

■ 慣習法

　人々が社会で反復継続してきた生活上の行動様式を「慣習」という。慣習のうち、人々が法意識をもって慣行とし、法的拘束力をもつものを「慣習法」という。慣習法は一定の範囲で、制定法に対して補充的な意味を有する法源となる。

■ 判例法

　「判例」とは、裁判の先例のことである。「判例法」とは、裁判所の判決が繰り返されることで法的拘束力をもつようになったものをいう。本来、

動物医療関連法規 総論

裁判所の判決はその事件だけを拘束するものであるが、同じような事件に対して同じような判決が繰り返されると、その判決は同種の事件については事実上、法と同じように拘束力をもつことになり、裁判規準として機能することになる。

■ 条理

「条理」とは、社会の大多数の人が認めているも

のごとの考え方の筋道、ものごとの道理のことである。制定法も慣習法も判例法もない場合には、裁判官は条理にしたがって判決を下すべきものとされる。このように、条理は法規範ではないが、裁判の最後の基準となるものである。

2. 実定法の分類

「実定法」とは、社会に現実に行われ、人々を拘束する法のことである。実定法は以下のように分類できる。

■ 成文法・不文法

法には、文字で書き表された「成文法」と、そうではない「不文法」とがある。四つの法源のうち、制定法は成文法であり、一定の形式及び手続に従って公布される。判例法、慣習法、条理は不文法である。成文法主義を採っているわが国においては、文章で書かれ、条文の形をなす制定法が、法源として主要な役割を果たす。

■ 公法と私法

「公法」とは、国家や地方公共団体と個人間の関係、あるいは国家や地方公共団体相互の関係、及び国家若しくは地方公共団体の組織・活動等を規律する法領域のことである。これに対し、「私法」とは、個人間の私的生活関係を規律する法領域のことである。言い換えれば、公法は人の生活における縦の関係を規律する法であり、私法は横の関係を規律する法である。公法には憲法、行政法、刑法、地方自治法等があり、私法には民法、商法等がある。

公法と私法は、それぞれ異なった役割を果たしている。個人の独立と平等を前提とする近代国家

においては、個人間における力関係に差はない。このことを前提として、私法の機能は、個人間の利益を調整することである。これに対し、国家と個人の関係は、国家が個人に対して圧倒的に大きな存在であり、対等な関係ではない。よって公法の機能は、個人の権利を保障すること、すなわち国家権力の不当な行使により、国民の権利が侵害されないよう、国家権力をコントロールすることである。本書で扱う法の多くは公法の分野に属するものである。

■ 一般法と特別法

「一般法」とは、対象となる人・場所・事柄を具体的に限定せず、一般的に適用される法のことであり、「特別法」とは、特定の人・地域・事項について限定的に適用される法のことである。たとえば、民法は私法の一般法であり、商法は私法の特別法である。

法の適用に関し、ある事柄について特別法の規定がない場合は一般法が適用されるが、同一の事柄について一般法と特別法のいずれにも規定がある場合は、特別法が優先的に適用されるのが原則である。これを「特別法は一般法に優先する」という。

■ 実体法と手続法

「実体法」とは、権利・義務の発生・変更・消滅そのものを規定する法のことであり、「手続法」は実体法を実現する手続について定める法のことである。たとえば民法は実体法、民事訴訟法や民事執行法は手続法である。

■ 強行法規と任意法規

「強行法規」とは、当事者の意思に関わりなく適用される法のことであり、「任意法規」とは、当事者の意思が法の規定と異なる場合、当事者の意思が優先する法のことである。公法や特別法においては、ほとんどの規定が強行法規であるのに対し、私法の領域においては任意法規が多い。

3. 「民事」と「刑事」と「行政」

自動車を運転していて死亡事故を起こした場合のように、社会生活において何らかの問題を発生させた場合、一つの問題につき民事、刑事、行政といった、複数の法的責任が発生する。

民事責任とは、個人間における責任である。故意又は過失によって、個人が他人に損害を与えた場合、加害者は被害者がこうむった損害を賠償する責任を負う。

刑事責任とは、犯罪行為をした場合に負わなければならない責任で、犯罪者には国家によって刑罰が科せられる。これは、個人の、国家に対する責任である。

行政上の責任とは、社会秩序の維持を損なう行為をした者が負う責任で、行政庁によって一定の不利益が課せられる。この不利益は刑事犯罪に対して科される刑罰とは異なる。

民事責任・刑事責任・行政上の責任は、それぞれ別個の法的責任であり、相互に直接の関連性はない。すなわち、刑事責任を負う場合に、これとは別に民事上の責任や行政上の責任を追求されることもあり、また、民事責任を果たしたとしても刑事責任や行政上の責任を免れることができるわけではない。また、行為者がこれら三つの責任のすべてではなく、三つのうち一つ、あるいは二つを負担する場合もある。

4. 刑の種類

刑法においては、死刑、懲役、禁錮、罰金、拘留、科料の主刑と、付加刑である没収が設けられている（法第9条）（図1-1）。

死刑：犯人の生命を奪う刑罰、いわゆる極刑である。死刑の言渡しを受けた者は、刑の執行まで刑事施設に拘置される（法第11条）。

懲役：受刑者を刑事施設に拘置して、所定の作業を行わせる刑である。懲役には無期と有期があり、有期懲役は1カ月以上20年以下である（法第12条）。

禁錮：受刑者を作業は行わせることなく刑事施設に拘置する刑である。禁錮には無期と有期があり、有期禁錮は1カ月以上20年以下である（法第13条）。

罰金：犯人から一定額の金銭を取り上げる刑罰である。罰金の金額は1万円以上とされている（法第15条）。罰金を完納できない者は、1日以上2年以下の期間、労役場に留置される（法第18条第

1項)。

拘留：犯人を1日以上30日未満、刑事施設に拘置する刑罰である（法第16条）。

科料：罰金と同じく、犯人から一定額の金銭を取り上げる刑罰である。科料は、1,000円以上1万円未満である（法第17条）。科料を完納することができない者は、1日以上30日以下の期間、労役場に留置される（法第18条第2項）。

没収：犯罪行為と関係のある一定の物を取り上げる刑罰である（法第19条）。没収は、単独で科すことができない「付加刑」とされ（法第9条）、ほかの刑罰を科す場合に限って併科することができる。

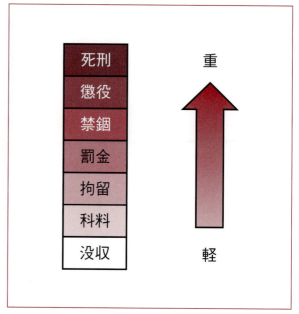

図1-1　刑の種類

参考図書

1. 森泉 章 編（2003）：法学，第3版，有斐閣，東京.
2. 末川 博 編（2005）：法学入門，第5版補訂2版，有斐閣，東京.
3. 「図解による法律用語辞典」（2011）：補訂第4版，自由国民社，東京.

第1章　法の基礎知識　演習問題

問1 制定法に関する記述で、正しいものはどれか？

① 法律は内閣が制定する。

② 政令は国会が制定する。

③ 条例は各省庁が制定する。

④ 省令は地方公共団体が制定する。

⑤ 法の段階は、憲法 − 法律 − 政令 − 省令の順である。

問2 公法と私法に関する記述で、<u>間違っているもの</u>はどれか？

① 公法は、国家と個人の間の関係を規律する。

② 私法は、個人と個人の間の関係を規律する。

③ 公法の機能は国家権力をコントロールし、個人の権利を保障することである。

④ 私法の機能は、個人間における利益の調整である。

⑤ 憲法、刑法は、私法に含まれる。

問3 民事と刑事と行政に関する記述で、<u>間違っているもの</u>はどれか？

① 悪質な自動車事故等の場合、行為者には複数の法的責任が発生する。

② 民事責任とは、加害者の被害者に対する損害賠償責任のことである。

③ 犯罪者に刑罰を科すのは国家である。

④ 刑事責任を果たせば、民事責任や行政上の責任を免れることができる。

⑤ 行政庁による運転免許取り消し等の処分は刑罰ではない。

動物医療関連法規 総論

解 答

問1 正解 ⑤ 法の段階は、憲法－法律－政令－省令の順である。

法律は国会、政令は内閣、省令は各省庁、条例は都道府県・市町村等の地方公共団体が制定する。

問2 正解 ⑤ 憲法、刑法は、私法に含まれる。

憲法、刑法は公法の分野に含まれる。私法の例は民法、商法等である。

問3 正解 ④ 刑事責任を果たせば、民事責任や行政上の責任を免れることができる。

刑事責任・民事責任・行政上の責任は、それぞれ別個の法的責任である。よって、刑事責任を負う場合に、同時に民事責任や行政上の責任を追求されることもある。

第2章
各分野・領域に関する法規

キーワード	法の対象動物　生産動物　伴侶動物　動物との暮らし　動物医療　飼育者・所有者の責任　食品の安全　人の健康

1. 各法規が対象とする動物種

動物が関連する法規には様々なものがあるが、法規によって対象とする動物種が異なる。一方、一般社団法人日本動物看護職協会が策定した「動物看護者の倫理綱領」(2009年)には、動物看護は動物とその飼育者を対象とし、対象となる動物の範囲も、家庭動物をはじめとして、学校飼育動物、展示動物、実験動物、産業動物、野生動物等、多岐にわたることが明記されている。このような観点から、以下においては、動物看護領域にかかわる主な法規が対象とする動物種について概説する。

■ 獣医師法

獣医師法・獣医療法が対象とする動物は「飼育動物」である。「飼育動物」とは、人が飼育し、又は飼育し得る動物全般を指し、産業動物、伴侶動物のほか、実験動物、動物園等で飼育される動物も含まれる。飼育動物のうち、獣医師のみが診療業務を行うことができる動物は、牛、馬、めん羊、山羊、豚、犬、猫、鶏、うずら、政令で定める小鳥に限定されている。したがって、獣医師法上、これら以外の飼育動物は獣医師の業務独占の範疇からは外れる。

■ 医薬品医療機器等法

動物用医薬品、医薬部外品、医療機器等は「医薬品医療機器等法」の適用を受ける。同法では、「動物用医薬品等」のことを「医薬品、医薬部外品、医療機器又は再生医療等製品であって、専ら動物のために使用されることが目的とされているもの」と定義していることから、同法全体としては動物用医薬品等の使用対象となる動物全般にかかわるといえる。

同法に基づく省令によって定められた制度には動物種を限定するものがある。たとえば、要指示医薬品が定められている動物は、牛、馬、めん羊、山羊、豚、犬、猫、鶏である。また、「動物用医薬品及び医薬品の使用の規制に関する省令」により、使用する対象動物、用法、用量、使用禁止期間が定められている使用規制医薬品は、牛、馬、豚、鶏、うずら、蜜蜂、食用に供する養殖水産動物を対象とするものである。

■ 家畜伝染病予防法

対象動物として、同法は牛、馬、めん羊、山羊、豚、鶏、あひる、うずら、蜜蜂を、同法施行規則ではこれらに加えて水牛、鹿、いのしし、犬、う

動物医療関連法規 総論

表2-1　動物がかかわる主な法規

担当省庁	法律名	対象となる動物	家庭（伴侶）動物	産業動物	実験動物	展示動物	その他（野生動物）	備考
農林水産省	獣医師法	飼育動物	○	○	○	○		牛、馬、めん羊、山羊、豚、犬、猫、鶏、うずら、政令で定める小鳥
	獣医療法							
	家畜伝染病予防法	産業動物		○（蜜蜂を含む）	○	○		法：牛、馬、めん羊、山羊、豚、鶏、あひる、うずら、蜜蜂 施行規則：水牛、鹿、いのしし、犬、うさぎ、七面鳥、きじ、だちょう、ほろほろ鳥
	ペットフード安全法	犬・猫	○					
厚生労働省	医薬品医療機器等法	動物用医薬品等使用対象動物	○	○	○	○		要指示医薬品：牛、馬、めん羊、山羊、豚、犬、猫、鶏 使用禁止期間が定められる動物：牛、馬、豚、鶏、うずら、蜜蜂、食用に供する養殖水産動物
	狂犬病予防法	犬、政令指定動物	○			○	○	犬・猫・あらいぐま・きつね・スカンク
	と畜場法	獣畜		○				牛、馬、豚、めん羊、山羊
環境省	動物愛護管理法	動物全般 愛護動物	○	○	○	○	○	ガイドライン：人の管理下にある哺乳類、鳥類、爬虫類 愛護動物：牛、馬、豚、めん羊、山羊、犬、猫、いえうさぎ、鶏、いえばと、あひる及びこれら以外の人が占有している哺乳類、鳥類、爬虫類
	廃棄物処理法	廃棄物	○	○	○	○	△	産業廃棄物：生産動物（牛、馬、豚、鶏等）の死体 一般廃棄物：その他の動物の死体

さぎ、七面鳥を定めている。家畜の伝染性疾病の発生の予防及びまん延の防止の観点から、同法が牛や馬等のいわゆる産業動物だけではなく、鹿やいのしし、伴侶動物の範疇に入ることが多い犬やうさぎも対象としていることに注意が必要である。

■ ペットフード安全法

　対象となる動物種は、犬と猫である。ほかの動物種用のペットフードは同法の対象とはならない。

■ 狂犬病予防法

　対象となる動物は、犬と、政令で定める動物である。政令で定める動物は、猫、あらいぐま、きつね、スカンクである。

■ と畜場法

　と畜場法が対象とする動物を「獣畜」といい、牛、馬、豚、めん羊、山羊を指す。したがって、これらの動物を食用に処理する場合は、同法の規制を受ける。これら以外の動物を食用に処理する場合は、同法は適用されない。

■ 動物愛護管理法

　動物愛護管理法は、広く動物を愛護することを定めているが、特に人の管理下にある哺乳類、鳥類、爬虫類について、適正に飼育するためのガイドラインを設けている。また、みだりな殺傷や虐待を行った際に処罰の対象となる「愛護動物」とは、牛、馬、豚、めん羊、山羊、犬、猫、いえうさぎ、鶏、いえばと、あひる、及びこれら以外の人が占有している動物で、哺乳類、鳥類又は爬虫類に属するものをいう。

■ 廃棄物処理法

　畜産農家から排出される牛や馬、豚、鶏等の生産動物の死体は産業廃棄物、その他の動物の死体は一般廃棄物に該当する。これらは廃棄物処理法の規定に従って、それぞれ適正に処理しなければならない。

　このように、規制の対象となる動物種が法規によって異なるということは、それぞれの法規の規定が、その法規が対象とする動物種に限定して適用されることを意味する（表2-1）。

2.　伴侶動物にかかわる法規

　動物にかかわる者がそれぞれの義務を果たすことは、本来はその者自身の自覚にまつべきものであるが、その者の属性に応じて負担する義務の内容を明確にし、その履践を確保するために、様々な法規等が設けられている（表2-2）。

■ 伴侶動物との暮らしにかかわる法規

伴侶動物の迎え入れ

　犬や猫等の伴侶動物との生活は、動物の迎え入れから始まる。入手手段としてはペットショップやブリーダーからの購入や、動物愛護団体等からの譲渡等が考えられる。動物を取り扱うこれらの業は、営利性がある場合は第一種動物取扱業、ない場合は第二種動物取扱業として動物愛護管理法の規制を受け、販売や譲渡にあたって顧客や譲渡先に対して所定の事項を説明する等の義務が課せられている。また、第一種動物取扱業のうち、犬猫の販売を行う業者は犬猫等販売業者として、犬猫等健康安全計画の策定とその遵守、獣医師との連携の確保等の上乗せ基準がある。なお、これらの業者が販売や譲渡する動物は「展示動物」として、業者が飼養している間は動物愛護管理法に基づく「展示動物の飼養及び保管に関する基準」に従って飼養しなければならない。

表2-2　伴侶動物にかかわる主体と関連する主な法規

伴侶動物にかかわる主体	関連する主な法規等
飼い主	動物愛護管理法、狂犬病予防法、民法、刑法、（廃棄物処理法）、家庭動物等の飼養及び保管に関する基準、動物愛護管理条例、住宅密集地における犬猫の適正飼養ガイドライン
動物取扱業者	動物愛護管理法、展示動物の飼養及び保管に関する基準
ペットフードの製造業者・輸入業者・販売業者	ペットフード安全法
獣医療関係者	獣医師法、獣医療法、医薬品医療機器等法、麻薬及び向精神薬取締法、廃棄物処理法、家畜伝染病予防法、感染症法、動物愛護管理法

動物医療関連法規 総論

伴侶動物との生活における飼い主の責任

伴侶動物の一生を通じて飼い主に直接かかわる法規として、第一に、動物の福祉に関する基本法である動物愛護管理法が挙げられる。動物愛護管理法は動物を愛護するとともに動物による危害を防止するための動物の飼い主の義務を定め、義務の一つとして終生飼養を掲げている。伴侶動物として家庭等で飼養されている動物は「家庭動物等」として、動物愛護管理法に基づく「家庭動物等の飼養及び保管に関する基準」に従って飼養しなければならない。環境省は、「住宅密集地における犬猫の適正飼養ガイドライン」（平成22年2月発行）等のガイドラインも策定しており、集合住宅を含む住宅密集地において、快適な居住環境を維持しつつ人と犬や猫が共生するための基本的なルールを示している。

また、都道府県・市町村レベルでも動物愛護管理条例が制定されており、それぞれにおいて飼い主の責務、動物の適正な飼養等のための飼い主の遵守事項等が定められていることにも留意する必要がある。

犬については、迎え入れたら市区町村へ登録することや、毎年1回の狂犬病予防注射の接種等の義務がある。これらの義務を定めているのが狂犬病予防法である。狂犬病予防法は犬のほかに、猫等の動物にも適用されるが、犬以外の動物では登録や定期的な狂犬病予防注射の義務はない。

なお、「家庭動物等の飼養及び保管に関する基準」が対象とする「家庭動物等」には学校飼育動物も含まれ、飼養にあたっては一般家庭で飼養される動物と同様に本基準が適用される。獣医療関係者が学校飼育動物の飼育や健康管理等に関する相談等を受けたときは、動物の飼育を通じた情操教育をより有意義なものとするとともに、学校飼育動物の福祉の向上を図るため、専門知識を有する者として積極的に対応することが期待される。

動物をめぐるトラブル

私人間の関係を規律する民法では、「動物の占有者等の責任」（第718条）として、「動物の占有者は、その動物が他人に加えた損害を賠償する責任を負う」との規定を置いている。具体的には、動物による咬傷等の事故や多頭飼育による周辺の生活環境の悪化等で、他者に損害を与えた場合、飼い主はその賠償責任を負わなければならない。本条但書では、動物の占有者が「動物の種類及び性質に従い相当の注意をもってその管理をしたときは、この限りでない」とあるが、事実上、占有する動物が他人に損害を与えたときに、占有者が免責されることはほとんどない。動物に起因する事故については、その態様によっては、民事レベルの責任にとどまらず、刑法における過失傷害罪（第209条）や過失致死罪（第210条）、さらには傷害罪（第204条）や傷害致死罪（第205条）に問われる可能性もある。

ペット関連サービス

伴侶動物との暮らしの中で、ペットホテルやペットシッター、トリミングサロン、しつけ教室等のサービスを利用することも多い。これらの事業者も第一種動物取扱業者として、動物愛護管理法の規制を受ける。動物取扱業の種別はペットホテルやペットシッター、トリミングは「保管」、しつけ教室は「訓練」に該当する。

ペットフードの安全性

ペットフードは伴侶動物の生命を維持するのに必要不可欠であり、その安全性は動物の健康に直結する。犬や猫のペットフードの安全性を確保し、これらの動物の健康を守ることで動物愛護に寄与するための体制について定めているのがペットフード安全法である。本法はペットフードの製造業者、輸入業者及び販売業者に対し、国が定めたペットフードの製造基準や表示基準、成分規格を守ることを義務づけ、これらに適合しないペット

フードの製造、輸入又は販売を禁止している。

本法が直接適用されるこれらの事業者だけではなく、飼い主自身も本法の趣旨を踏まえ、犬や猫の健康を守ることについて自らが第一義的な責任を負っていることを念頭に置いて、ペットフードの購入時にパッケージの表示を確認し、適切な使用や保管等を心がける等、ペットフードの安全性について関心をもち、意識を高める必要がある。

伴侶動物が亡くなった場合

動物の死体を供養等を行わずに焼却する場合は、廃棄物処理法に規定する「廃棄物（一般廃棄物）」としての扱いになる。ただし、伴侶動物のように、動物霊園等において埋葬や供養をすることが社会的慣習になっているものについては、社会通念上、廃棄物処理法上の廃棄物には該当しないとされる（「動物霊園事業に係る廃棄物の定義等について」[昭和52年7月16日付け環整第125号]）。

■ 伴侶動物の医療にかかわる法規

獣医療全般

伴侶動物を対象とする獣医療の全般にかかわる法規としては、獣医師の業務等について定める獣医師法や、診療施設の管理等について定める獣医療法がある。

動物用医薬品・動物用医療機器等

動物用医薬品や動物用医療機器等の取扱いにあたっては、獣医師法や医薬品医療機器等法等の規定を遵守しなければならない。たとえば、毒劇薬、ワクチン等の生物学的製剤、その他要指示医薬品等の農林水産省令で定める動物用医薬品については、獣医師が自ら診察することなく投与や処方をしてはならない。また、毒劇薬については、ほかの医薬品と区別して保管するとともに、毒薬の保管場所には施錠しなければならない。

麻薬や向精神薬の取扱いにあたっては、診療施設内で施錠した上で保管する等の、麻薬及び向精神薬取締法の規定を遵守しなければならない。獣医師の場合、麻薬を使用するには、都道府県知事から麻薬施用者の免許を受ける必要があり、使用は治療目的での使用に限られる。

情報の管理

獣医師法では、診療を行った場合の診療簿の記載・保存義務が定められている。また、動物の飼い主から診療簿の開示等の情報公開を請求された場合、飼い主との信頼関係を構築する面からも、積極的にこれに応じることが獣医療側に求められている。

獣医師が業務上知り得た、飼い主の個人情報や飼育動物に関する情報については、刑法や獣医師法、その他の法律で特に守秘義務が課せられているわけではない。しかし、近時、社会全般において個人情報の保護の要請が高まってきており、獣医療現場も例外ではない。動物の飼い主が獣医療関係者を信頼して、適切な獣医療を動物に受けさせられるようにするためにも、獣医療関係者は飼い主の個人情報の取扱いには注意を払う必要がある。

廃棄物等の処理

飼育動物診療施設からは、使用済みの注射針や注射器、メス、ガラスくず、手袋、ガーゼ、脱脂綿、血液等の廃棄物が発生する。これらについては廃棄物処理法の規定に従い、感染性廃棄物と非感染性廃棄物に分別した上で、適正な処理を行わなければならない。

獣医師の届出義務

法規の中には伴侶動物に関して、獣医師の届出義務を定めるものがある。たとえば、家畜伝染病予防法の規定により、獣医師が届出伝染病であるレプトスピラ症に罹患した犬を発見した場合は、農林水産省令で定められた事項を遅滞なく都道府

第2章　各分野・領域に関する法規

動物医療関連法規 総論

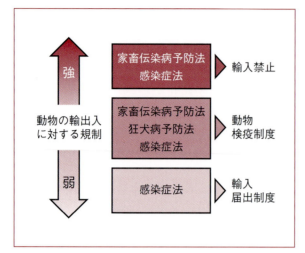

図2-1　動物の輸出入に関する規制

県知事に届け出なければならない。また、感染症法は、同法に定める犬や鳥等の動物が特定の疾病にかかっていると診断した獣医師は、最寄りの保健所長を経由して都道府県知事へ届け出なければならないと規定している。さらに、動物愛護管理法は、獣医師が診療の際、みだりに殺傷されたり、虐待されたりした疑いのある動物やその死体を発見した場合の、都道府県知事その他の関係機関に通報する努力義務を定めている。

■ 伴侶動物の輸出入にかかわる法規

　動物等の輸出入は、各種の法規に基づいて規制されている。これは、輸入される動物等を介して人や動物の伝染性疾病の病原体が国内に持ち込まれるのを防ぐためである。伴侶動物も例外ではなく、飼育している動物を海外に連れて行く場合や、海外で飼育していた動物を連れて日本に帰国する場合等は、動物の輸出入として規制を受ける。

　動物等の輸出入の規制には、以下の3種類がある。対象となる動物や疾病、規制の内容は、規制の根拠となる法規によって異なる（図2-1）。

輸入禁止

　法で定める動物等は、伝染性疾病の感染源として特に危険度が高いものとして、輸入が禁止されている。根拠法は家畜伝染病予防法、感染症法である。

・家畜伝染病予防法

　家畜伝染病予防法では、監視伝染病（法定伝染病及び届出伝染病）のうち、口蹄疫、牛疫及びアフリカ豚コレラの海外からの侵入を防止するため、偶蹄類の動物等について、これらの疾病が発生しているか、防疫体制が十分に整備されていない地域からの輸入を禁止している。

・感染症法

　感染症法において、感染症を人に感染させるおそれが高い動物を「指定動物」といい、輸入が禁止されている。指定動物として、イタチアナグマ、コウモリ、サル、タヌキ、ハクビシン、プレーリードッグ、ヤワゲネズミが定められている。

動物検疫

　動物検疫は、外国から輸入される動物等を介して人や動物の伝染性疾病が国内に侵入することを防止するとともに、外国に家畜の伝染性疾病をひろげるおそれのない動物等を輸出するための制度である。対象動物等の輸出入にあたっては、それぞれの法で定められた伝染性疾病の有無について、農林水産省動物検疫所で検疫を受けることが必要である。根拠法は家畜伝染病予防法、狂犬病予防法、感染症法である。

・家畜伝染病予防法

　家畜伝染病予防法において、特に家畜の伝染性疾病の病原体を広げるおそれが高いとして検疫の対象となる物のことを「指定検疫物」という。偶蹄類の動物（牛、豚、めん羊、山羊等）、馬、鶏、うずら、きじ、だちょう、ほろほろ鳥、七面鳥、あひる・がちょう等のかも目の鳥類、犬、うさぎ、蜜蜂等が指定検疫物に定められている。検疫の対象となる疾病は監視伝染病（法定伝染病及び届出

伝染病）である。

・狂犬病予防法

狂犬病予防法に基づく検疫の対象動物は、犬、猫、あらいぐま、きつね、スカンクである。検疫の対象となる疾病は狂犬病である。

前述のとおり、犬は家畜伝染病予防法における指定検疫物でもあるので、犬については、家畜伝染病予防法に基づいてレプトスピラ症の、狂犬病予防法に基づいて狂犬病の有無について検疫が行われている。

なお、狂犬病予防法に基づく検疫に関して、「犬等の輸出入検疫規則」（平成11年10月1日農林水産省令第68号）に詳細が定められている。

・感染症法

感染症法に基づく検疫の対象動物は、サルである。前述のとおり、サルは感染症法上における「指定動物」であり、原則として輸入は禁止されているが、試験研究用又は展示用に限り、検疫を経て輸入することができる。伴侶動物として輸入することはできない。また、輸入が可能な地域は、アメリカ合衆国、インドネシア共和国、ガイアナ協同共和国、カンボジア王国、スリナム共和国、中華人民共和国、フィリピン共和国、ベトナム社会主義共和国に限定されている。検疫の対象となる疾病は、エボラ出血熱及びマールブルグ病である。

動物の輸入届出制度

本制度は、人の感染症の感染源となり得る動物について、輸入時の厚生労働省検疫所への届出を義務づけ、輸出国で適切な衛生管理が行われていたことを確認することで、動物由来感染症の侵入防止を図るための制度である。根拠法は感染症法である。

本制度の対象となるのは、輸入禁止動物や検疫対象動物を除く陸生哺乳類、具体的には、齧歯目（ハムスター、リス、モルモット、チンチラ等）、うさぎ目（なきうさぎ科のみ）、その他の陸生哺乳類（フェレット、ワラビー、モモンガ、ハリネズミ等）、及び鳥類（オウム、インコ、文鳥、鳩等）等である。

これらの対象動物を輸入する場合は、輸出国政府機関発行の衛生証明書を添付し、動物の種類、数量等を記載した届出書等の書類を厚生労働省検疫所に提出しなければならない。

なお、本制度は販売や展示のために輸入するものだけでなく、個人が飼育する伴侶動物も対象となるが、ハムスター、モルモット、リス、チンチラ等の齧歯類については、重篤な動物由来感染症の感染源となり得ることから、輸入条件が厳格になっている。海外において自宅で飼育していたものや海外のペットショップで購入したものは、この条件を満たすことが難しいため、基本的に日本に持ち帰ることはできない。

以上のほか、動物の輸出入は、外来生物法、鳥獣保護法、水産資源保護法、ワシントン条約等によっても規制されている。

3. 生産動物にかかわる法規

生産動物の最も重要な役割は、動物性タンパク質（畜産物）の供給であり、人がそれら畜産物等の主な消費者となる。したがって、安全な畜産物を安定的に供給するために、生産から消費に至るいわゆる「農場から食卓まで」の各段階で、法に基づく安全対策が講じられている（図2-2）。

動物医療関連法規 総論

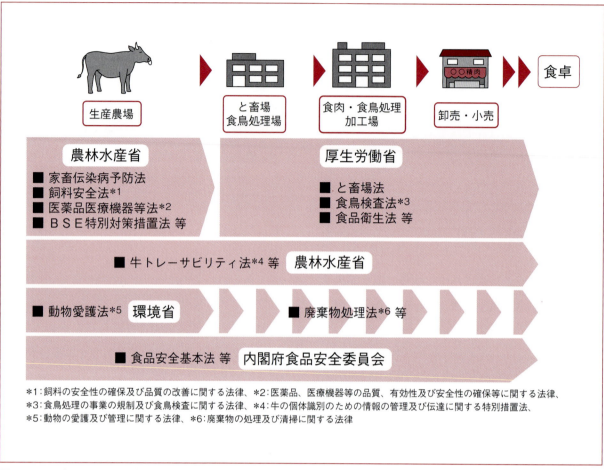

図2-2　国内における家畜動物の生産と食品の安全に関与する様々な法律

■ 「農場から食卓まで」の安全確保

　農林水産省は、畜産物等の生産、流通及び消費の改善を通じた安全性の確保を担っている。農林水産省が畜産物の生産段階における規制等を所管するのに対し、厚生労働省は食品衛生にかかわる加工・流通段階の規制を所管している。これらは、「と畜場に入るまでが農林水産省、入ってからが厚生労働省」という表現がなされることもあるが、厳密には明確に切り分けられるものではなく、両省が密に連携することで畜産物をはじめとする食品の安全性が確保されている。また、内閣府の食品安全委員会は、生産から消費までの様々な行程を経る食品が人の健康に与える影響を科学的に評価している。

■ 国内の生産段階にかかわる法規

　家畜伝染病予防法は畜産の振興を目的とし、畜産物の安定供給を図るものである。畜産物の安定供給を脅かす家畜伝染病の中には、家畜の所有者が衛生管理を徹底することで予防できるものもあるため、本法において農場における飼養衛生管理基準が定められ、家畜の衛生管理の向上、布いては安全な畜産物の生産が図られている。

　生産資材の品質や使用方法は、食品の安全性に影響を及ぼす。したがって、農林水産省は、それら資材の保全や適正使用等を確保するために、製造、販売、使用等の規制を行っている。たとえば、不適切な飼料の使用による畜産物の質的な異常や、不適正な薬品等の使用による医薬品成分の残留等によって、畜産物の安全性に危害が及ぶ可能性がある。そのため、「飼料の安全性の確保及び品

質の改善に関する法律（いわゆる、飼料安全法）」や「医薬品、医療機器等の品質、有効性及び安全性の確保等に関する法律（いわゆる、医薬品医療機器等法）」等により、生産資材の適正使用・管理が図られている。

■ 食品の加工・流通段階にかかわる法規

人が食する食品に対する基本的方針の一つに、「病（やまい）は食わず」がある。畜産物はもとより食品全般に関して、厚生労働省は、喫食に起因する衛生上の危害の発生を防止し、公衆衛生の向上や増進に寄与するため、規格基準の策定、食品営業者等の許可・検査・指導、食中毒の調査等の規制を行っている。畜産物では、と畜場や食鳥処理場において病畜の排除や微生物汚染・増殖の防止が、食肉・食鳥処理・加工場、卸売・小売り業者のそれぞれで食肉（枝肉・部分肉・加工肉）の微生物の汚染・増殖防止が図られており、「と畜場法」、「食鳥処理の事業の規制及び食鳥検査に関する法律」、「食品衛生法」等で定められている。また、牛乳をはじめとする乳や乳製品については、食品衛生法に基づき「乳及び乳製品の成分規格等に関する省令」において、成分規格や製造等の方法、衛生管理製造過程の製造又は加工の方法、それら衛生管理の方法、器具や包装容器等について、基準が定められる。

さらに、食品衛生法に基づき、食品中に残留する農薬、飼料添加物及び動物用医薬品等について、一定の量を超えてそれらが残留する食品の販売等を原則禁止する制度、すなわちポジティブリスト制度が存在し、畜産物由来食品にも当然適応される。

■ 輸入検疫

海外から輸入される動物・畜産物等に対しては、家畜伝染病予防法によって家畜伝染病の侵入防止が図られている。また、畜産物由来もふくめて輸入される食品に対しては、食品衛生法に基づいてその安全が確保されている。また、輸入食品に対してもポジティブリスト制度が適応され、畜水産物については特に動物用医薬品の残留等が問題となる。

■ トレーサビリティ

「牛の個体識別のための情報の管理及び伝達に関する特別措置法」に基づき、農林水産省が牛トレーサビリティ制度を運用している。家畜のトレーサビリティの第一の目的は、家畜伝染病の発生に即座に対応し、まん延を防止することにある。日本においては、2001年に日本で初めてとなる牛海綿状脳症の発生に伴って2003年に導入された制度であり、情報提供を促進することにより、消費者への利益を増進するといった目的も大きい。

4. 動物が関与するその他の法規

前述までの伴侶動物や生産動物の法規も人の健康に関係する法規であるが、動物の範囲が示されないが動物が関与する法規、あるいは動物種が限定される法規が他にもある。

(1)「感染症の予防及び感染症の患者に対する医療に関する法律」は、人における感染症の発生を予防し、そのまん延を防止することを図るものであり、法が定める感染症が指定されている。それら感染症の中には、人獣共通感染症が多数を占めていることから、動物種にかかわらず人獣共通感染症に感染した又は感染したおそれのある動物、あるいはその死体等の管理・措置等について定めら

第2章

各分野・領域に関する法規

17

動物医療関連法規 総論

れている。また、感染症の病原体を媒介するおそれのある動物の輸入に関しても規制しており、一部には動物種が指定されている。

(2)「狂犬病予防法」は、人における狂犬病の発生予防やまん延防止等を図るものであるが、法が定める動物の狂犬病に限って適用される。犬、猫その他動物が定められている。

(3)「身体障害者補助犬法」において、良質な身体障害者補助犬の育成が図られており、盲導犬、介助犬及び聴導犬を身体障害者補助犬と定義している。

(4)「絶滅のおそれのある野生動植物の種の保存に関する法律」は、絶滅のおそれのある野生動植物の種の保存を図るものであり、国内希少野生動植物種、国際希少野生動植物種、緊急指定種が指定されている。これらの中には、哺乳類、鳥類、爬虫類、両生類、魚類、昆虫類等の動物が含まれている。

参考図書

1. 「動物の愛護及び管理に関する法律のあらまし（平成24年改正版）」：平成26年3月発行，環境省.
2. 「ペットフード安全法のあらまし」，平成22年3月発行，環境省.
3. 「住宅密集地における犬猫の適正飼養ガイドライン」，平成22年2月発行，環境省.
4. 日本獣医師会「小動物医療の指針」，平成14年12月12日制定（平成16年11月12日及び平成19年1月5日 一部改正）
5. 法令データ提供システム http://law.e-gov.go.jp/cgi-bin/idxsearch.cgi
6. 動物検疫所ホームページ http://www.maff.go.jp/aqs/
7. 「動物の輸入届出制度について」（厚生労働省ホームページ）http://www.mhlw.go.jp/stf/seisakunitsuite/bunya/0000069864.html

第2章　各分野・領域に関する法規　演習問題

問1 伴侶動物にかかわる法規について、正しいものはどれか？

① 動物愛護管理法が対象とする者は動物取扱業者のみである。

② 学校飼育動物の飼養には「家庭動物等の飼養及び保管に関する基準」が適用される。

③ 動物用医薬品の取扱いについて定めるのは、医薬品医療機器等法のみである。

④ 獣医療関係者は、飼い主の個人情報を保護する必要はない。

⑤ 伴侶動物に関しては、獣医師の届出義務は何も定められていない。

問2 伴侶動物にかかわる法規について、<u>間違っているもの</u>はどれか？

① 動物の多頭飼育によって他人に迷惑をかけた場合、飼い主は賠償責任を負わなければならない。

② 動物による重大な事故が発生した場合、飼い主が罪に問われることがある。

③ 犬の輸出入検疫について定めているのは感染症法である。

④ 猫を連れて海外旅行する際には、検疫が必要である。

⑤ プレーリードッグは輸入が禁じられている。

問3 「農場から食卓まで」にかかわる次の法律のうち、農林水産省が主管のものはどれか？

① 食品安全基本法

② と畜場法

③ 食鳥処理の事業の規制及び食鳥検査に関する法律

④ 食品衛生法

⑤ 飼料の安全性の確保及び品質の改善に関する法律

第2章　各分野・領域に関する法規

19

動物医療関連法規 総論

解　答

問1 正解 ② 学校飼育動物の飼養には「家庭動物等の飼養及び保管に関する基準」が適用される。

動物愛護管理法は、動物取扱業者だけではなく、動物の飼い主等にもかかわる。家庭動物等の飼養及び保管に関する基準が対象とする「家庭動物等」には学校飼育動物も含まれる。獣医師法等でも動物用医薬品の取扱いについて定めている。伴侶動物に関して獣医師の届出義務を定めるものには、家畜伝染病予防法、感染症法、動物愛護管理法等がある。近時は社会全般において個人情報の保護の要請が高まってきており、獣医療関係者も飼い主の個人情報の取扱いには注意を払う必要がある。

問2 正解 ③ 犬の輸出入検疫について定めているのは感染症法である。

犬の輸出入検疫について定めているのは狂犬病予防法である。

問3 正解 ⑤ 飼料の安全性の確保及び品質の改善に関する法律

生産動物にかかわる法律は多く、特に畜産物・食品の安定供給と安全を確保するために生産段階から小売販売に至るまで多くの法律が関与し、それぞれ所管の省庁がある。農林水産省が所管の法律は、飼料の安全性の確保及び品質の改善に関する法律のほかに、家畜伝染病予防法、牛トレーサビリティ法や医薬品医療機器等法（厚生労働省との共管）がある。食品安全基本法は内閣府を所管とし、と畜場法、食鳥処理の事業の規制及び食鳥検査に関する法律及び食品衛生法は厚生労働省が所管である。

動物看護学教育標準カリキュラムにおける

動物医療関連法規 各論
全体目標

動物の支援にかかわる動物看護師として、

動物関連法規について知り、

その中に動物看護を位置づけてとらえる。

また、広く動物や環境に関する

法規を学ぶことを通じて、

これらに対する関心と理解を深め、

さらに社会へと視野を広げていくことを目指す。

第1章
獣医事行政法規

一般目標

獣医事行政法規のうち、動物看護業務に関連する法規について、その種類と概要を理解する。

到達目標

1）獣医師法について、概要を説明できる。
2）獣医療法について、概要を説明できる。

キーワード　獣医師の任務　業務の独占　無診察治療等の禁止　応召義務　診断書等の交付義務　保健衛生の指導　診療簿・検案簿の作成・保存　診療施設の構造設備と管理　広告の制限

1.　獣医師法

■ 獣医師法の構成

　獣医師法（昭和24年6月1日法律第186号、以下「法」という）は、獣医師の資格法として、獣医師免許や獣医師の業務等について定める法律である。法は、「第1章 総則（第1条～第2条）」、「第2章 免許（第3条～第9条）」、「第3章 試験（第10条～第16条の5）」、「第4章 業務（第17条～第23条）」、「第5章 獣医事審議会（第24条～第26条）」、「第6章 罰則（第27条～第29条）」、及び附則から構成される。

■ 獣医師の任務

　獣医師の任務は、「飼育動物に関する診療及び保健衛生の指導その他の獣医事をつかさどることに

よって、動物に関する保健衛生の向上及び畜産業の発達を図り、あわせて公衆衛生の向上に寄与する」ことである（法第1条）。この法律において「飼育動物」とは、一般に人が飼育する動物をいう（法第1条の2）。個々の動物が現に人に飼育されているか否かを問わず、人が飼育し、又は飼育し得る動物の種類全般を指す。

　飼育動物に関する保健衛生の指導には、治療に関する事項の指導のほかに、疾病予防や、動物用医薬品の適正使用に関する指導等が挙げられる。「その他の獣医事」とは飼育動物の診療及び保健衛生の指導のほかに、公衆衛生業務や畜産関係業務、科学の各分野における研究等、獣医学的知識をもって果たすべき事項一般のことである。

名称の独占及び業務の独占

　獣医師でない者は、獣医師又は、これに紛らわしい名称を用いてはならない（名称の独占、法第2条）。名称の独占は、獣医師にその社会的責務を自覚させるために設けられた規定である。

　獣医師でなければ、飼育動物（牛、馬、めん羊、山羊、豚、犬、猫、鶏、うずらその他獣医師が診療を行う必要があるものとして政令で定める動物）の診療を業務としてはならない（業務の独占、法第17条）。「診療」とは獣医師の獣医学的判断と獣医療技術をもってするのでなければ飼育動物に危害を及ぼす、あるいはそのおそれがある一切の行為を指す（最判昭和56年11月17日判タ459号55頁参照）。獣医療行為は多くの場合、動物の身体に対する侵襲行為であり、潜在的に危険性を有する。必要な知識と技術を有しない者が、これらの飼育動物に対して獣医療行為を行った場合、畜産業上あるいは公衆衛生上、社会に大きな弊害をもたらす危険性がある。このことから、法は獣医師でない者が法で定める飼育動物の診療業務を行うことを禁じている。

　「業務とする」とは、社会生活上、反復継続し、又は反復継続する意思をもって行うことで、有償か無償かは問わない。無報酬であっても、診療行為を反復継続して行い、又は反復継続の意思をもって行うことは「診療を業務とする」に該当する。

　政令で定める飼育動物とは、公衆衛生上重要な疾病であるオウム病の感染源となり得るオウム科全種、カエデチョウ科全種、アトリ科全種の小鳥である（獣医師法施行令第2条）。オウム科にはセキセイインコ、オカメインコ、ボタンインコ、コザクラインコ等、カエデチョウ科にはブンチョウ、ジュウシマツ、ベニスズメ等、アトリ科にはカナリア、マヒワ、ウソ等が属する。

　本条に違反し、獣医師ではなく飼育動物の診療を業務とした者は、2年以下の懲役若しくは100万円以下の罰金、又はこれを併科される（法第27条）。

獣医師免許

　獣医師になろうとする者は、獣医師国家試験に合格し、かつ、農林水産大臣の免許を受けなければならない（法第3条）。獣医師国家試験に合格しても獣医師免許を受けていなければ獣医師ではないため、法第17条所定の飼育動物の診療を業務とすることはできない。未成年者、成年被後見人又は被保佐人には免許は与えられない（法第4条）。また、①心身の障害により獣医師の業務を適正に行うことができない者として農林水産省令で定めるもの、②麻薬、大麻又はあへんの中毒者、③罰金以上の刑に処せられた者、④獣医師道に対する重大な背反行為や獣医事に関する不正の行為を行った者、又は徳性が著しく欠落した者、⑤法第8条第2項第4号に該当して免許を取り消された者に該当する場合は免許が与えられないことがある（法第5条）。「心身の障害により獣医師の業務を適正に行うことができない者」とは、視覚、聴覚、音声・言語機能又は精神の機能の障害や上肢の機能の障害により、獣医師の業務を適正に行うことができない者が該当する（獣医師法施行規則（以下「規則」という）第1条の2）。

　「獣医事に関する不正の行為」とは、獣医師法や獣医療法、家畜伝染病予防法、医薬品医療機器等法等の、獣医師の業務に関連する法令に違反する行為を意味する。

　獣医師免許は、農林水産省に備えられた獣医師名簿に登録することによって与えられる。免許を与えられた者には獣医師免許証が交付される（法第6条、第7条）。獣医師の身分は獣医師名簿に登録された日から発生する。したがって獣医師は、現実に免許証を所持していない場合でも、獣医師としての業務をなすことが可能である。

■ 獣医師免許の取り消し及び業務の停止

獣医師が法第4条に規定する要件に該当するときは、獣医師免許は取り消される（法第8条）。また、①法第19条第1項の応召義務違反、②法第22条の届出義務違反、③法第5条のいずれかの要件に該当するとき、④獣医師としての品位を損ずるような行為をしたときは、獣医事審議会の諮問を経た上で、免許が取り消され、又は業務の停止が命じられることがある（法第8条第2項）。「獣医師としての品位を損ずるような行為」とは、獣医師の職業倫理に反するような行為等が該当する。

■ 臨床研修

診療を業務とする獣医師は、免許を受けた後も、大学の獣医学に関する学部若しくは学科の附属施設である飼育動物の診療施設、又は農林水産大臣の指定する診療施設において、臨床研修を行うように努めることとされている（法第16条の2）。臨床研修の実施期間は6カ月以上である（規則第10条の2）。

■ 獣医師の義務

法は獣医師の義務として、以下の事項を定めている。

無診察治療等の禁止

獣医師は、自ら診察しないで診断書を交付し、若しくは劇毒薬、生物学的製剤その他農林水産省令で定める医薬品の投与若しくは処方若しくは再生医療等製品（医薬品、医療機器等の品質、有効性及び安全性の確保等に関する法律第2条第9項に規定する再生医療等製品をいい、農林水産省令で定めるもの）の使用若しくは処方をし、自ら出産に立ち会わないで出生証明書若しくは死産証明書を交付し、又は自ら検案しないで検案書を交付

してはならない（法第18条）。「診察」とは、触診、聴診、問診等、獣医師が現代獣医学の立場から、飼育動物の疾病あるいは健康状態について一定の獣医学的判断を下し得る程度の行為を、飼育動物と直接接して行うことである。獣医師が本条に定める行為を行う際には、診察と認められる程度の行為によって、飼育動物の状態を自ら確認しなければならない。これは、獣医師自ら疾病を確認することなくこれらの行為を行った場合、動物の生命・身体・健康に不測の危害が及ぶおそれがあることや、獣医師の発行する各種の証明書の社会的重要性から義務づけられているものである。

応召義務

診療を業務とする獣医師は、診療を求められたときは、正当な理由がなければ、これを拒んではならない（法第19条第1項）。これを応召義務という。正当な理由とは社会通念上、診療を拒むことがやむを得ないと考えられる事情を指し、「医師の不在又は病気等により事実上診療が不可能な場合」（昭和30年8月12日医収第755号参照）とされている。具体的には、獣医師が診療を業務としていない場合や、獣医師自身の病気や不在、ほかの動物の手術中や、より重症の動物の診療中である場合等が挙げられる。一方、診療時間外、天候不良、過去の診療報酬の不払い、軽度の疲労等の事情は正当な事由とは認められない（厚生省通達昭和24年9月10日医発第752号参照）。ただし、事由の正当性は個別具体的な場合において、動物の状態や獣医師の専門分野、その地域における夜間・休日救急医療体制の整備状況等も考慮し、社会通念に照らして判断される。反復的な診療拒否は獣医師の品位を損なう行為（法第8条第2項）に該当し、獣医師免許の取り消し又は停止の処分を受ける可能性がある（昭和30年8月12日医収第755号参照）。

第1章 獣医事行政法規

動物医療関連法規 各論

診断書等の交付義務

診療し、出産に立ち会い、又は検案をした獣医師は、診断書、出生証明書、死産証明書又は検案書の交付を求められたときは、正当な理由がなければ、これを拒んではならない（法第19条第2項）。これは獣医師が作成するこれらの文書の社会的重要性から定められている義務である。診断書とは、獣医師が診察の対象である動物の疾病について診察の結果、その獣医学的断定を証明するために作成する書類であり、死亡診断書とは、生前から診療に従事していた獣医師が、その動物が死亡したときに死亡の事実を確認して作成する書類である。また、検案書とは、診察中ではない動物の死体に対する獣医学的断定を証明するために作成する書類である。

診断書等の交付を拒むことができる「正当な理由」とは、これらの文書が飼育者等により不正の目的に悪用されるおそれがあること等が挙げられる。

なお、獣医療領域においては、これらの書類に記載する事項は定められているが（規則第11条）、様式について特段の定めはない。

保健衛生の指導

獣医師は、飼育動物の診療をしたときは、その飼育者に対し、飼育に係る衛生管理の方法その他飼育動物に関する保健衛生の向上に必要な事項の指導をしなければならない（法第20条）。本条に規定する指導は診療の一環として位置づけられ、①診療した動物の適切な看護及び飼育管理、②多頭飼育施設における伝染性疾病の予防、③人獣共通感染症の予防、④畜産物の安全性確保等の面から実施が義務づけられているものである。

診療簿及び検案簿の作成・保存

獣医師は、診療をした場合には、診療に関する事項を診療簿に、検案をした場合には、検案に関する事項を検案簿に、遅滞なく記載し（法第21条第1項）、3年以上で農林水産省令で定める期間保存しなければならない（同条第2項）。保存期間は、牛、水牛、しか、めん羊、山羊の診療簿及び検案簿は8年間、その他の動物の診療簿及び検案簿は3年間である（規則第11条の2）。なお、診療簿及び検案簿の作成・保存義務は、診療を業務としているか否かにはかかわりなく、診療や検案を行った獣医師すべてに課せられる義務である。保存期間の起算日は、当該動物に対する一連の診療が終了した日である。なお、牛等の診療簿等につき長期の保存期間が定められているのは、伝達性海綿状脳症（TSE）の潜伏期間を踏まえたものである。

届出義務

獣医師は2年ごとに、氏名、住所その他農林水産省令所定の事項を、住所地を管轄する都道府県知事を経由して、農林水産大臣に届け出なければならない（法第22条）。この届出は、獣医師の就業状況等を把握する獣医事行政上の必要から義務づけられているものである。

2. 獣医療法

■ 獣医療法の目的

獣医療とは、飼育動物に関する診療、保健衛生指導、健康相談のほか、これらに付随する行為を含む幅広い概念である。獣医療法（平成4年5月20日法律第46号、以下「法」という）は、適切な獣医療の確保を図ることを目的として、飼育動物の診療施設の開設及び管理に関し、必要な事項

並びに獣医療を提供する体制の整備のために必要な事項を定める法である（法第1条）。

■ 獣医療法の構成

法は、目的（第1条）、定義（第2条）、診療施設の開設、構造設備及び管理等（第3条～第9条）、獣医療提供体制の計画的な整備（第10条～第16条）、広告の制限（第17条）、経過措置（第19条）、罰則（第20条～第22条）の各部分から構成される。

■ 飼育動物・診療施設の定義

法が対象とする「飼育動物」とは、獣医師法第1条の2に規定する飼育動物、すなわち「一般に人が飼育する動物」をいう（法第2条第1項）。また、法の規制を受ける「診療施設」とは、獣医師が飼育動物の診療業務を行う施設をいう（同条第2項）。

■ 診療施設の開設と管理・監督

診療施設の開設

診療施設の開設者は、開設の日から10日以内に、当該診療施設の所在地を管轄する都道府県知事に、農林水産省令で定める事項を届け出なければならない。診療施設の休止、廃止、届け出た事項の変更についても同様である（法第3条）。届け出るべき事項は、獣医療法施行規則（以下「規則」という）第1条で定められている。また、往診のみによって飼育動物の診療の業務を自ら行う獣医師及び往診のみによって獣医師に飼育動物の診療の業務を行わせる者（往診診療者）は、その住所を診療施設と見なしてこれらの届出を行う（法第7条）。

診療施設の構造設備の基準

診療施設の構造設備は、農林水産省令で定める基準に適合したものでなければならない（法第4条）。診療施設の構造設備の基準（規則第2条）は、

以下のとおりである。

一．飼育動物の逸走を防止するために必要な設備を設けること。

二．伝染性疾病にかかっている疑いのある飼育動物を収容する設備には、他の飼育動物への感染を防止するために必要な設備を設けること。

三．消毒設備を設けること。

四．調剤を行う施設にあっては、次のとおりとすること。

　　イ．採光、照明及び換気を十分にし、かつ、清潔を保つこと。

　　ロ．冷暗貯蔵のための設備を設けること。

　　ハ．調剤に必要な器具を備えること。

五．手術を行う施設は、その内壁及び床が耐水性のもので覆われたものであること、その他の清潔を保つことができる構造であること。

六．放射線に関する構造設備の基準は、規則第6条から第6条の11までに定めるところによること。

診療施設の管理・使用制限命令等

診療施設を管理する者（管理者）は獣医師でなければならない（法第5条第1項）。診療施設の管理等に関する管理者の遵守事項は規則で定められている（同条第2項、規則第3条）。都道府県知事は、診療施設の構造設備や管理につき規則の規定に適合していない診療施設の開設者に対し、診療施設の使用制限等を命ずることができる（法第6条）。農林水産大臣又は都道府県知事は、診療施設の開設者や管理者に必要な報告を命じ、又はその職員に、診療施設へ立ち入り、その構造設備、業務の状況、帳簿、書類その他の物件を検査させることができる（法第8条第1項）。

診療施設管理者の遵守事項等（規則第3条第1項）は以下のとおりである。

一．飼育動物の収容設備には、収容可能な頭数を超えて飼育動物を収容しないこと。

二．収容設備でない場所に飼育動物を収容しない
　　こと。

三．飼育動物の逸走を防止するために必要な措置
　　を講ずること。

四．収容設備内における他の飼育動物への感染を
　　防止するために必要な措置を講ずること。

五．覚せい剤取締法、麻薬及び向精神薬取締法及
　　び医薬品医療機器等法の規定に違反しないよう
　　必要な注意をすること。

六．常に清潔を保つこと。

七．採光、照明及び換気を適切に行うこと。

八．放射線に関し遵守すべき事項は、規則第7条
　　から第20条までに定めるところによること。

■ 獣医療提供体制の計画的な整備

　農林水産大臣は獣医療提供体制の整備を図るた
めの基本方針を定めなければならない（法第10
条第1項）。また、都道府県は基本方針に即して、
当該地域の獣医療提供体制の整備を図るための計
画（都道府県計画）を定めることができる（法第
11条第1項）。

■ 広告の制限

広告制限の趣旨

　獣医療に関する広告については、法第17条第1
項の規定に基づき、一定の規制が行われている。
これは、獣医療が動物の生命・身体を対象とする
とともに、専門性が極めて高いことから、広告が
不適切であった場合に、飼育動物の飼育者等が、
十分な専門的知識がないまま不当に誘引され、不
測の被害を受けることのないようにするためであ
る。

広告の定義

　「広告」とは、随時、あるいは継続的に、ある事
柄を広く知らせるもので、①誘引性（飼育者等を
誘引する意図があること）、②特定性（獣医師の氏
名又は診療施設の名称が特定可能であること）、

③認知性（一般人が認知できる状態であること）
の三つの要件を満たすものをいう。

広告制限の概要

　何人も、獣医師又は診療施設の業務に関して
は、その技能、療法又は経歴に関する事項を広告
してはならない（法第17条第1項）。ただし、技
能、療法又は経歴に関する事項のうち、①獣医師
又は診療施設の専門科名（同項第1号）、②獣医師
の学位又は称号（同項第2号）、及び農林水産省令
で定める事項（同条第2項）は、例外的に広告が
認められている。農林水産省令で定める事項（規
則第24条第1項）については、広告のあり方等に
ついて、①他の獣医師又は診療施設と比較して優
良である旨の広告（比較広告）（規則第24条第2
項第1号）、②誇大広告（同項第2号）、③費用の
広告（同項第3号）は禁止されている。

広告が認められている事項

**・獣医師や診療施設の業務に関して、技能、療法、
経歴に関する事項のうち、法及び規則により広告
が認められている事項**

①法により広告が認められている事項（法第17
条第1項）

　ⅰ．獣医師又は診療施設の専門科名（同項第1
　　　号）

　　　専門科名とは、獣医師が診療を行う診療科
　　名のことである。具体的な専門科名について
　　法には定めがないが、大学の講座名にある
　　等、一般的に広く認められているもの（内科、
　　外科等）と、診療対象動物名（犬・猫専門科、
　　エキゾチックアニマル専門科等）を示すもの
　　がある。

　ⅱ．獣医師の学位又は称号（同項第2号）

　　　「学位」とは大学等により授与される獣医
　　学士、獣医学修士、農学博士、獣医学博士、
　　博士（獣医学）等をいい、「称号」とは獣医師

法附則第19条に規定する「新制獣医師」等をいう。なお、専門医、認定医等については、学位又は称号に該当しないため、広告することはできない。

②農林水産省令により広告が認められた事項（法第17条第2項前段、規則第24条第1項）

　獣医師又は診療施設の業務に関する技能、療法又は経歴に関する事項のうち、広告しても差し支えないものとして規則で定めるものは広告することができる。具体的な項目としては、獣医師免許が与えられた年月日、診療施設の開設日、医薬品医療機器等法第2条第4項に規定する医療機器を所有していること、犬又は猫の生殖を不能にする手術を行うこと、狂犬病その他の動物の疾病の予防注射を行うこと、動物用医薬品を用いて犬糸状虫症の予防措置を行うこと、飼育動物の健康診断を行うこと、等がある。

・獣医師又は診療施設の業務に関して、その技能、療法、経歴とは関係のない事項

　具体的には、診療施設の開設予定日、診療施設の名称、住所、電話番号、獣医師の氏名、診療日、診療時間、夜間・休日診療や往診の実施、支払い方法、入院施設や駐車場の有無、ペットホテル、トリミング、しつけ教室の実施等が挙げられる。

参考図書

1. 池本卯典 他 編（2007）：獣医学概論，文英堂出版，東京.
2. 池本卯典 他 監修（2013）：獣医事法規，緑書房，東京.
3. 日本獣医師会「小動物医療の指針」，平成14年12月12日制定（平成16年11月12日及び平成19年1月5日 一部改正）
4. 法令データ提供システム http://law.e-gov.go.jp/cgi-bin/idxsearch.cgi

動物医療関連法規 各論

第1章　獣医事行政法規　演習問題

問1 「獣医師法」の規定により、獣医師でなければ診療してはならない動物はどれか？
① うさぎ
② ハムスター
③ チンチラ
④ 猫
⑤ フェレット

問2 「獣医師法」及び同法施行規則により、診療簿の保存期間が8年間である動物はどれか？
① 牛
② 犬
③ 馬
④ 豚
⑤ 猫

問3 診療を業務とする獣医師が、診療を拒むことができる正当な理由と考えられるものはどれか？
① 軽度の疲労
② 過去の診療費の不払い
③ 緊急の手術中で手が離せない
④ 軽度の天候不良
⑤ 気がすすまない

問4 「獣医療法」及び同法に基づく省令により、獣医師が広告できないものはどれか？
① 犬猫の去勢手術を行うこと
② 飼育動物の健康診断を行うこと
③ 専門科が内科であること
④ 診療費
⑤ 犬フィラリア症の予防を行うこと

解　答

問1 正解 ④ 猫

獣医師でなければ診療できない飼育動物は、牛、馬、めん羊、山羊、豚、犬、猫、鶏、うずら、政令で定める小鳥である。

問2 正解 ① 牛

診療簿、検案簿の保存期間は、牛、水牛、しか、めん羊、山羊では8年間、その他の動物では3年間である。

問3 正解 ③ 緊急の手術中で手が離せない

診療を拒むことができる「正当な理由」とは、獣医師自身の不在や、診療動物の手術中等、社会通念上妥当と認められる事情のことである。軽度の疲労や天候不良、過去における診療費の不払い等は、「正当な理由」とはされていない。

問4 正解 ④ 診療費

農林水産省令で定める広告可能な事項については、比較広告、誇大広告、費用の広告は禁止されている。

第2章
家畜衛生行政法規

一般目標

家畜衛生行政法規のうち、動物看護業務に関連する法規について、その種類と概要を理解する。

到達目標

1）家畜伝染病予防法について、概要を説明できる。
2）愛がん動物用飼料の安全性の確保に関する法律（ペットフード安全法）について、概要を説明できる。

キーワード　法定伝染病　届出伝染病　監視伝染病　伝染性疾病の発生予防・まん延防止　患畜等の届出義務　と殺の義務　輸出入検疫　愛がん動物用飼料　牛海綿状脳症

1.　家畜伝染病予防法

　家畜伝染病予防法（昭和26年5月31日法律第166号、以下「法」という）は、獣類伝染病予防規則を前身とし、数度の改正を経て現在に至る。1971年（昭和46年）の改正では、国が行う防疫のみならず、家畜の所有者等が行うべき防疫についても多くが盛り込まれた。また、2004年（平成16年）の改正では、生産段階からの畜産物の安全確保を目的とする飼養衛生管理基準が定められた。

　本法は、第1章から第7章、及び附則で構成され、家畜の伝染性疾病の発生の予防、家畜伝染病のまん延の防止、輸出入検疫、病原体の所持に関する措置等が定められている。

■ 法の目的

　本法は、家畜の伝染性疾病（寄生虫病を含む）

の発生を予防し、及びまん延を防止することにより、畜産の振興を図ることを目的とする（法第1条）。

■ 家畜伝染病

　表2-1に掲げる伝染性疾病が、法で定める家畜伝染病であり、いわゆる「法定伝染病」と呼ばれる（法第2条第1項）。伝染性疾病の種類として疾病名が記されるが、家畜伝染病予防法施行規則（省令）において対象となる病原体が定められているものもある。法第2条では、伝染性疾病ごとに家畜の種類も定めており、さらに家畜伝染病予防法施行令（政令）においてその他の家畜も定めている（表2-1）。なお、家畜伝染病予防法に定められる狂犬病については、対象とする家畜に犬等の家庭動物は含まれず、狂犬病予防法において定

33

動物医療関連法規 各論

表2-1　家畜伝染病の種類と、当該伝染性疾病ごとに定められる家畜の種類

伝染性疾病の種類	家畜の種類	政令で定めるその他の家畜
牛疫	牛、めん羊、山羊、豚	水牛、鹿、いのしし
牛肺疫	牛	水牛、鹿
口蹄疫	牛、めん羊、山羊、豚	水牛、鹿、いのしし
流行性脳炎	牛、馬、めん羊、山羊、豚	水牛、鹿、いのしし
狂犬病	牛、馬、めん羊、山羊、豚	水牛、鹿、いのしし
水胞性口炎	牛、馬、豚	水牛、鹿、いのしし
リフトバレー熱	牛、めん羊、山羊	水牛、鹿
炭疽	牛、馬、めん羊、山羊、豚	水牛、鹿、いのしし
出血性敗血症	牛、めん羊、山羊、豚	水牛、鹿、いのしし
ブルセラ病	牛、めん羊、山羊、豚	水牛、鹿、いのしし
結核病	牛、山羊	水牛、鹿
ヨーネ病	牛、めん羊、山羊	水牛、鹿
ピロプラズマ病（農林水産省令で定める病原体によるものに限る）注1	牛、馬	水牛、鹿
アナプラズマ病（農林水産省令で定める病原体によるものに限る）注2	牛	水牛、鹿
伝達性海綿状脳症	牛、めん羊、山羊	水牛、鹿
鼻疽	馬	
馬伝染性貧血	馬	
アフリカ馬疫	馬	
小反芻獣疫	めん羊、山羊	鹿
豚コレラ	豚	いのしし
アフリカ豚コレラ	豚	いのしし
豚水胞病	豚	いのしし
家きんコレラ	鶏、あひる、うずら	七面鳥
高病原性鳥インフルエンザ	鶏、あひる、うずら	きじ、だちょう、ほろほろ鳥、七面鳥
低病原性鳥インフルエンザ	鶏、あひる、うずら	きじ、だちょう、ほろほろ鳥、七面鳥
ニューカッスル病（病原性が高いものとして農林水産省令で定めるものに限る。以下同じ）	鶏、あひる、うずら	七面鳥
家きんサルモネラ感染症（農林水産省令で定める病原体によるものに限る。以下同じ）注3	鶏、あひる、うずら	七面鳥
腐蛆病	蜜蜂	

注1：バベシア・ビゲミナ、バベシア・ボービス、バベシア・エクイ、バベシア・カバリ、タイレリア・パルバ、タイレリア・アヌラタ
注2：アナプラズマ・マージナーレ
注3：サルモネラ・エンテリカ（血清型がガリナルムであるものであって、生物型がプローラム又はガリナルムであるものに限る）

められている。

第2条2項には、患畜及び疑似患畜について定義されている。患畜とは、家畜伝染病（腐蛆病を除く）にかかっている家畜を指す。また、患畜である疑いがある家畜や、特定の伝染性疾病の病原体（8種）に触れた、又は触れた疑いがあり、患畜となるおそれがある家畜のことを疑似患畜という。

第3条では、管理者に対する適用や特定家畜伝染病防疫指針等について定められている。家畜伝染病のうち、特に総合的に発生の予防及びまん延防止のための措置を講じる必要があるものが省令で定められており、牛疫、牛肺疫、口蹄疫、牛海綿状脳症、豚コレラ、アフリカ豚コレラ、高病原性鳥インフルエンザ及び低病原性鳥インフルエンザが指定されている。これら家畜伝染病に対しては、検査、消毒及びその他必要となる措置を総合的に実施するための指針（特定家畜伝染病防疫指針）が公表されている。

■ 家畜の伝染性疾病の発生の予防（第2章）

伝染性疾病についての届出義務（第4条）

省令で定める家畜伝染病以外の伝染病であって、診断等を行った獣医師が都道府県知事に届け出なければならない伝染性疾病を「届出伝染病」といい、家畜の種類とともに定められている（表2-2）。なお、レプトスピラ症においては、本法で唯一、対象家畜に犬が含まれる。

新疾病についての届出義務（第4条の2）

すでに知られている家畜の伝染性疾病とその病状又は治療の結果が異なる疾病を「新疾病」といい、その診断等を行った獣医師は遅滞なく都道府県知事に届け出なければならない。

その他の義務等（第5条～第12条）

家畜伝染病（法定伝染病）と届出伝染病を総称

して「監視伝染病」という。監視伝染病の発生を予防し、又はその発生を予察する必要があるときは、都道府県知事は検査を命ずることができる（第5条第1項）。また、家畜以外の動物が法定伝染病にかかり、又はかかっている疑いが生じた場合、その動物から家畜に伝染するおそれがあるときは、都道府県知事が当該都道府県の職員に検査を行わせることができる（第5条第3項）。したがって、家畜伝染病予防法においては、犬（レプトスピラ症を除く）・猫・小鳥等の家庭動物、マウス・ラット等の実験動物、野生動物等は対象動物に含まれないが、家畜伝染病の発生の防止、又はまん延防止を図るために、それら動物についても法に準じて適切に管理することが望ましいといえる。

その他に第2章では、家畜伝染病の発生を予防するために、防疫員による注射、薬浴又は投薬、消毒施設の設置の義務、消毒方法等の実施、家畜集合施設についての制限等が定められている。また、飼養に係る衛生管理の方法について家畜の所有者が遵守すべき飼養衛生管理基準について定めており、家畜の所有者に義務を課している（第12条）。

■ 家畜伝染病のまん延の防止（第3章）

患畜等の届出義務（第13条）

患畜又は疑似患畜を発見したとき、及び農林水産大臣が家畜の種類ごとに指定する症状を呈していることを発見したときは、診断等を行った獣医師は、遅滞なく都道府県知事に届け出なければならない。留意すべきは、獣医師の診断等を受けていない場合には、その所有者が届け出なければならないことである。なお、輸入検査及び輸出検査の検査中に発見した場合等には適用されない。

隔離の義務（第14条）

患畜又は疑似患畜の所有者は、遅滞なく当該家

第2章 家畜衛生行政法規

35

動物医療関連法規 各論

表2-2　届出伝染病の種類と、当該伝染性疾病ごとに定められる家畜の種類

伝染性疾病の種類	家畜の種類	伝染性疾病の種類	家畜の種類
ブルータング	牛、水牛、鹿、めん羊、山羊	マエディ・ビスナ	めん羊
アカバネ病	牛、水牛、めん羊、山羊	伝染性無乳症	めん羊、山羊
悪性カタル熱	牛、水牛、鹿、めん羊	流行性羊流産	めん羊
チュウザン病	牛、水牛、山羊	トキソプラズマ病	めん羊、山羊、豚、いのしし
ランピースキン病	牛、水牛	疥癬	めん羊
牛ウイルス性下痢・粘膜病	牛、水牛	山羊痘	山羊
牛伝染性鼻気管炎	牛、水牛	山羊関節炎・脳脊髄炎	山羊
牛白血病	牛、水牛	山羊伝染性胸膜肺炎	山羊
アイノウイルス感染症	牛、水牛	オーエスキー病	豚、いのしし
イバラキ病	牛、水牛	伝染性胃腸炎	豚、いのしし
牛丘疹性口炎	牛、水牛	豚エンテロウイルス性脳脊髄炎	豚、いのしし
牛流行熱	牛、水牛	豚繁殖・呼吸障害症候群	豚、いのしし
類鼻疽	牛、水牛、鹿、馬、めん羊、山羊、豚、いのしし	豚水疱疹	豚、いのしし
破傷風	牛、水牛、鹿、馬	豚流行性下痢	豚、いのしし
気腫疽	牛、水牛、鹿、めん羊、山羊、豚、いのしし	萎縮性鼻炎	豚、いのしし
レプトスピラ症注1	牛、水牛、鹿、豚、いのしし、犬	豚丹毒	豚、いのしし
		豚赤痢	豚、いのしし
サルモネラ症注2	牛、水牛、鹿、豚、いのしし、鶏、あひる、うずら、七面鳥	鳥インフルエンザ	鶏、あひる、うずら、七面鳥
牛カンピロバクター症	牛、水牛	低病原性ニューカッスル病	鶏、あひる、うずら、七面鳥
トリパノソーマ病	牛、水牛、馬	鶏痘	鶏、うずら
トリコモナス病	牛、水牛	マレック病	鶏、うずら
ネオスポラ症	牛、水牛	伝染性気管支炎	鶏
牛バエ幼虫症	牛、水牛	伝染性喉頭気管炎	鶏
ニパウイルス感染症	馬、豚、いのしし	伝染性ファブリキウス嚢病	鶏
馬インフルエンザ	馬	鶏白血病	鶏
馬ウイルス性動脈炎	馬	鶏結核病	鶏、あひる、うずら、七面鳥
馬鼻肺炎	馬		
馬モルビリウイルス肺炎	馬	鶏マイコプラズマ病	鶏、七面鳥
馬痘	馬	ロイコチトゾーン病	鶏
野兎病	馬、めん羊、豚、いのしし、うさぎ	あひる肝炎	あひる
		あひるウイルス性腸炎	あひる
馬伝染性子宮炎	馬	兎ウイルス性出血病	うさぎ
馬パラチフス	馬	兎粘液腫	うさぎ
仮性皮疽	馬	バロア病	蜜蜂
伝染性膿疱性皮膚炎	鹿、めん羊、山羊	チョーク病	蜜蜂
ナイロビ羊病	めん羊、山羊	アカリンダニ病	蜜蜂
羊痘	めん羊	ノゼマ病	蜜蜂

注1：レプトスピラ・ポモナ、レプトスピラ・カニコーラ、レプトスピラ・イクテロヘモリジア、レプトスピラ・グリポティフォーサ、レプトスピラ・ハージョ、レプトスピラ・オータムナーリス及びレプトスピラ・オーストラーリスによるものに限る。

注2：サルモネラ・ダブリン、サルモネラ・エンテリティディス、サルモネラ・ティフィムリウム及びサルモネラ・コレラエスイスによるものに限る。

畜を隔離しなければならない。ただし、家畜防疫員の指示があった場合には、その指示に従って隔離が解かれる場合がある。家畜防疫員は、家畜伝染病のまん延防止のために、患畜、疑似患畜と同居していたため、又はその他の理由により患畜となるおそれのある家畜の所有者に対して、21日を超えない範囲内で当該家畜を一定の区域外へ移動させないよう指示することができる。

と殺の義務（第16条）

牛疫、牛肺疫、口蹄疫、豚コレラ、アフリカ豚コレラ、高病原性鳥インフルエンザ又は低病原性鳥インフルエンザの患畜及び疑似患畜（牛肺疫は患畜のみ）の家畜の所有者は、家畜防疫員の指示に従って、直ちに当該家畜を殺さなければならない。緊急の必要がある場合は、家畜防疫員が患畜又は疑似患畜を殺すことができる。日本において口蹄疫や高病原性鳥インフルエンザが発生した際に多くの家畜等が殺処分される法的根拠の一つである。

患畜等の殺処分（第17条）

都道府県知事は、必要があるときは以下の家畜の所有者に当該家畜を殺すよう命じることができる。また、所有者又は所有者の所在不明の家畜で緊急時には、家畜防疫員に命じることができる。

患畜：流行性脳炎、狂犬病、水胞性口炎、リフトバレー熱、炭疽、出血性敗血症、ブルセラ病、結核病、ヨーネ病、ピロプラズマ病、アナプラズマ病、伝達性海綿状脳症、鼻疽、馬伝染性貧血、アフリカ馬疫、小反芻獣疫、豚水胞病、家きんコレラ、ニューカッスル病又は家きんサルモネラ感染症

疑似患畜：牛肺疫、水胞性口炎、リフトバレー熱、出血性敗血症、伝達性海綿状脳症、鼻疽、アフリカ馬疫、小反芻獣疫、豚水胞病、家きんコレラ又はニューカッスル病

第17条の2においては、口蹄疫がまん延し、又はまん延するおそれがある場合でやむを得ないと認められるときは、口蹄疫の患畜及び疑似患畜以外の家畜を殺す必要がある地域（「指定地域」という）及び指定地域において殺す必要がある家畜を指定家畜として指定することが記載されている。

死体の焼却等の義務（第21条）

以下の家畜の死体の所有者は、家畜防疫員の指示に従い、遅滞なく当該死体を焼却し、又は埋却しなければならない。ただし、指示があるまでは焼却等をしてはならず、許可がなければ、ほかの場所に移動し、損傷し、解体してはならない。

患畜又は疑似患畜の死体：牛疫、牛肺疫、口蹄疫、狂犬病、水胞性口炎、リフトバレー熱、炭疽、出血性敗血症、伝達性海綿状脳症、鼻疽、アフリカ馬疫、小反芻獣疫、豚コレラ、アフリカ豚コレラ、豚水胞病、家きんコレラ、高病原性鳥インフルエンザ、低病原性鳥インフルエンザ又はニューカッスル病

患畜又は疑似患畜の死体：流行性脳炎、ブルセラ病、結核病、ヨーネ病、馬伝染性貧血又は家きんサルモネラ感染症（と畜場において殺したものを除く）

その他：指定家畜の死体

汚染物品の焼却等の義務（第23条）

家畜伝染病の病原体により汚染し、又は汚染したおそれがある物品の所有者は、家畜防疫員の指示に従い、遅滞なく当該物品を焼却し、埋却し、又は消毒しなければならない（伝達性海綿状脳症では焼却のみ）。ただし、家きんサルモネラ感染症の病原体により汚染し、又は汚染したおそれがある物品等は、指示を待たないで焼却し、埋却し、又は消毒できる。また、家畜防疫員の指示があるまでは、当該物品の焼却等をしてはならず、許可がなければ、これをほかの場所に移し、使用し、又は洗浄してはならない。

動物医療関連法規 各論

畜舎等の消毒の義務（第25条）

患畜若しくは疑似患畜又はこれらの死体の所在した畜舎、船舶、車両その他これに準ずる施設（「要消毒畜舎等」という）は、家畜防疫員の指示に従い、その所有者が消毒しなければならない。ただし、家きんサルモネラ感染症の患畜等の場合には、指示を待たないで消毒できる。また、要消毒畜舎等の所有者は、家畜防疫員の指示があるまでは、当該施設を消毒してはならない。

病原体に触れた者の消毒の義務（第28条）

家畜伝染病の病原体に触れ、又は触れたおそれがある者は、遅滞なく自らその身体を消毒しなければならない。また、要消毒畜舎等又は要消毒倉庫等から出る者も、消毒しなければならない。

消毒設備の設置場所を通行する者にも消毒の義務がある。

その他の制限等（第32条～第34条）

都道府県知事は、家畜伝染病のまん延を防止する必要があるときは、家畜又は汚染した物品の都道府県区域内の移動、移入又は移出を、禁止又は制限することができる（第32条）。また、家畜伝染病のまん延を防止する必要があるときは、競馬、家畜市場、家畜共進会（催物）の開催又はと畜場若しくは化製場の事業を、停止又は制限することもできる（第33条）。さらに、家畜の放牧、種付、と畜場以外でのと殺又は孵卵を、停止又は制限することもできる（第34条）。

■ 輸出入検疫等（第4章）

家畜の輸出入等に関して定められている。狂犬病に関するものは、狂犬病予防法で定められている。

輸入禁止（第36条）

誰であっても、次に挙げるものは原則として輸入してはならない。

（1）省令で定める地域から発送、又はこれらの地域を経由した農林水産大臣の指定するもの
・動物、その死体又は骨肉卵皮毛類及びこれらの容器包装
・穀物のわら（省令で定めるものを除く）及び飼料用の乾草
・監視伝染病の病原体を広げるおそれがある敷料その他これに準ずるもの
（2）家畜の伝染性疾病の病原体（監視伝染病の病原体、家畜の伝染性疾病の病原体で、すでに知られているもの以外のもの）

輸入のための検査証明書の添付（第37条）

前述の輸入禁止のもので、農林水産大臣が指定するもの（指定検疫物という：施行規則第45条で指定）は、輸出国政府機関の検査証明書又はその写しがなければ原則として輸入できない。

輸入場所の制限（第38条）

指定検疫物は、原則として農林水産省令で指定する港又は飛行場以外の場所で輸入してはならない。

動物の輸入に関する届出及び輸入検査（第38条の2、第40条）

指定検疫物である動物で農林水産大臣の指定するものを輸入しようとする者は、動物の種類及び数量、輸入の時期及び場所等を動物検疫所に届け出なければならない。また、輸入した者は、遅滞なく動物検疫所に届け出て、家畜防疫官による検査を受けなければならない。

輸出検査（第45条）

以下に挙げるものを輸出しようとする者は、あらかじめ家畜防疫官の検査を受け、輸出検疫証明書の交付を受けなければならない。
（1）輸入国政府が、家畜の伝染性疾病の病原体を広げるおそれの有無についての輸出国の検査証明

を必要としている動物その他のもの

(2) 農林水産大臣が国際動物検疫上必要と認めて指定するもの

■ 病原体の所持に関する措置（第5章）

家畜伝染病病原体の所持の許可（第46条の5〜18）

　省令で定める家畜伝染病病原体（9種類）を所持しようとする者は、原則として農林水産大臣の許可を受けなければならない。所持にあたっては、許可の基準等、譲渡及び譲受けの制限、滅菌等、

家畜伝染病発生予防規程の作成等、病原体取扱主任者の選任等、教育訓練、記帳義務、施設の基準等、災害時の応急措置等について義務化されている。

届出伝染病等病原体の所持の届出（第46条の19〜20）

　省令で定める届出伝染病等病原体（17種類）を所持する者は、原則としてその所持の開始の日から7日以内に農林水産大臣に届け出なければならない。所持にあたっては、前述の家畜伝染病病原体の所持に関する規定の一部が準用されている。

2.　愛がん動物用飼料の安全性の確保に関する法律（ペットフード安全法）

■ 法律制定の背景と目的

　ペットフードの安全を守る取り組みは、法律が制定される以前より、業界団体の自主的な取り組みを中心に進められてきた。たとえば、景品表示法に基づく公正競争規約は1974年から運用され、ペットフードの適正表示の推進が図られてきた。また、ペットフードの主原料となる肉類や穀類は、食品や家畜飼料でも利用されることから、家畜伝染病予防法や飼料安全法等の関連法令の影響を間接的に受けることにもなる。たとえば、国内で発生したBSEに対する緊急予防措置が実施された際に、動物性タンパク原材料が使用停止となり、国内でペットフードの製造ができない事態も発生した。

　2007年に、北米で中国産原材料に混入したメラミンが原因と考えられる犬猫の大規模な健康被害が発生した。このとき、北米で回収対象となった製品は日本にも輸入されていたが、小売店で自主回収され、健康被害の発生を回避することができ

た。この問題を契機に、国内で販売されるペットフードを規制する法律がないことへの不安が高まり、2008年6月に「愛がん動物用飼料の安全性の確保に関する法律（通称「ペットフード安全法」、以下「法」という）」が成立した。法は、ペットフードの安全性の確保を図り、ペットの健康を保護し、動物愛護に寄与することを目的に、農林水産省と環境省の共管のもと、翌2009年6月1日に施行された。

■ 法律の対象となるペットフード

　ペットフードとは、愛がん動物の栄養に供することを目的としたものと定義されている（第2条）。本法の対象となる愛がん動物は、政令で犬及び猫と定められている。表2-3に、本法の対象範囲を示す。犬猫の栄養摂取を目的に使用される主食タイプの総合栄養食、おかず、おやつ、スナック、サプリメント等は、すべて法律の規制対象となる。一方、医薬品医療機器等法（旧・薬事法）で規制される「医薬品」、口に入れるが飲み込まな

動物医療関連法規 各論

表2-3　法律の対象となる範囲

規制の対象となる例	規制の対象とならない例
総合栄養食（主食タイプ）、一般食（おかずタイプ）、おやつ、スナック、ガム、生肉、サプリメント、療法食、ミネラルウォーター	医薬品、おもちゃ、ペットフードの容器、マタタビ、猫草、店内で飲食されるフード、調査研究用のフード

い「おもちゃ」、香付けや遊具として使用される「マタタビ」、毛づくろいで飲み込んだ毛と一緒に吐き出されてしまう「猫草」等は、法律の対象とはならない。また、ドッグカフェ等の店内で飲食されるものは規制とはならないが、あらかじめ持ち帰り用に包装され店内で陳列・販売されるものは対象となる。また、広域に流通するおそれのない調査研究用のフードも対象とはならない。

■ ペットフードの安全を守るために、それぞれが担う責任とは

　ペットフードの製造・輸入・販売を業として行う法人又は個人は事業者と呼ばれ、それぞれの業務内容により製造業者、輸入業者、販売業者に区分される（法第2条）。事業者は、ペットフードの安全性の確保において最も重要な責任があり、①安全性にかかわる知識・技術の習得、②原材料の安全性の確保、③ペットの健康被害防止のために必要な措置（たとえば製品の回収等）の実施に努めなければならない（法第3条）。国は、ペットフードの安全性に関する情報の収集・整理・分析・提供に努めなければならない（法第4条）。

■ 安全なペットフードとは

　法律では、国はペットフードの安全性を確保するための製造基準、表示基準、成分規格を設定できることが定められている（法第5条）。

　愛がん動物の食事であるペットフードにおいて、安全性に対する基本的な考え方は、人の食品と同じである。安全とは十分にリスクの小さい状態のことで、リスクはハザード（危害要因）との関係から説明される。ハザードとは健康に影響を及ぼす「食品中の物質」や「食品の状態」のことで、リスクとはハザードを含む食品を食べたとき「健康に悪い影響が出る可能性とその度合い」をいう。食塩のように動物の生命維持に不可欠な成分でも、過剰に摂取すれば健康を害するおそれがある。このように、リスクはハザードとなる物質の健康影響の強さと摂取する量によって決まる。なお、ハザードとなる物質の健康影響の程度は、毒性試験等の科学的根拠に基づき評価される。天然物又はそれらを加工する食品やペットフードでは「ゼロリスク」の実現は困難なため、実行可能なリスク低減策を構築する。なお、法律で基準・規格を設定する場合には、次のことが考慮される。

・ペットフードによるペットの健康被害の有無
・ペットフードに使われる原材料の汚染状況
・ペットに対する健康影響の大きさ
・諸外国における規制状況

　省令で定められた基準・規格のうち、ペットフード中に含まれる上限値が定められた成分を表2-4に、有害な物質の混入等を防止するための「製造の方法に関する基準」を表2-5に示した。

　かび毒は、繁殖したかびが産生する毒素でマイコトキシンとも呼ばれ、トウモロコシ、小麦等の穀類に付着する。重金属はもともと、天然に広く分布する元素で、生態系の中で動植物に摂取される。有機塩素系化合物は、過去に殺虫剤や農薬として使用された物質で、環境中で分解されにくく、生物濃縮により魚介類等に蓄積する。

　農薬は、農作物の病害虫の防除等に用いられる薬剤で、農畜産物への残留を考慮し、使用方法が

管理されている。ペットフード工場の周辺で害虫防除の目的で使用する場合も、誤って製品中に混入しないよう徹底した管理が求められる。添加物はペットフードの品質保持等を目的に使用される。たとえば、開封から使い切るまでしばらく保存されるドライフードでは、空気や光で酸化した油脂は食中毒の原因にもなるため、保存中の品質を保持する目的で酸化防止剤を使用することが一般的である。

このように、有害となり得る物質には、自然界に広く存在し原材料を介して意図せず混入するものと、原材料の生産やペットフードの製造時に目的をもって使用するものがある。成分の上限値は、健康への影響が十分に少ないレベルであることに加え、原材料の汚染状況等を考慮し、実際の製造において管理可能なレベルに設定することが重要となる。

食中毒の原因となる微生物が、原材料や製造工程中に混入・増殖するおそれがある場合は、製造時に十分な加熱・乾燥等が必要となる。缶詰やパウチでは、密封した容器内の微生物を死滅させる目的で加圧加熱殺菌が行われる。ドライフードでは、粒状に加熱成形した後、微生物の増殖を防ぐために十分に乾燥させる。半生タイプの犬用製品で、しっとりした質感を保持することを目的にプロピレングリコールが使用されことがあるが、猫には毒性があるため使用が禁止されている。また、人用のガムに使用されるキシリトールは、犬猫が大量に摂取すると低血糖を引き起こすことが報告されている。人の食品で使われているからといって、必ずしもほかの動物種でも安全というわけではない。このように動物種により感受性が異なる物質もあることから、基準・規格が設定されていない原材料成分を使用する場合は、事業者が責任をもって安全性を確認しなければならない。

ペットフードの中身を明らかにするためには、

表2-4 ペットフード中に含まれる上限値が定められた成分

区分	分類	物質等
意図せず混入する物質	かび毒	アフラトキシン B₁、デオキシニバレノール
	重金属	カドミウム、鉛、ヒ素
	有機塩素系化合物	BHC、DDT（DDD 及び DDE を含む）、アルドリン及びディルドリン、エンドリン、ヘプタクロル及びヘプタクロルエポキシド
目的があって使用する物質	農薬	グリホサート、クロルピリホスメチル、ピリミホスメチル、マラチオン、メタミドホス
	添加物	エトキシキン・BHT・BHA（酸化防止の目的に使用） 亜硝酸ナトリウム（主に発色剤として使用）
その他	化合物	メラミン

表2-5 製造の方法に関する基準

分類	物質等	基準
有害微生物	有害微生物全般	加熱し、又は乾燥する場合、原材料等に由来し、かつ発育し得る微生物を除去するのに十分な効力を有する方法で行うこと。
添加物	プロピレングリコール	猫用のペットフードには用いてはならない。
原料全般	その他の有害物質	有害な物質を含み、若しくは病原微生物により汚染され、又はこれらの疑いがある原材料を用いてはならない。

41

動物医療関連法規 各論

表2-6　表示に関する基準

項目	表示方法
ペットフードの名称	商品名のことで、犬用又は猫用であることが分かるように記載する。
賞味期限	「2015 08」のように年月又は年月日を表示する。 賞味期限とは、定められた方法により保存した場合において、期待されるすべての品質の保持が十分に認められる期限のこと（未開封の状態）。
原材料名	原則として、添加物を含め、使用した原材料をすべて表示する。添加物以外の原材料は「小麦、ビーフ、トウモロコシ」のような個別名、又は「穀類、肉類」のような分類名により表示する。 添加物はペットフードの製造時に使用したものをすべて表示する。甘味料、着色料、保存料、増粘安定剤、酸化防止剤、発色剤の目的で使用した添加物は、用途名も併記する。
原産国名	最終加工工程を完了した国を表示する（国内で包装や詰合わせをしただけでは国産と表示できない）。
事業者名及び住所	事業者名は、事業者の種別（製造業者、輸入業者又は販売業者）と名称又は氏名を表示する。

正しい製品情報を表示することは極めて重要である。法律では基準に合う表示がない製品は販売してはならないと定められている（法第6条）。なお「表示に関する基準」は、安全性に関係の深い5項目について、省令で定められている（表2-6）。これ以外にも、商品選択に必要な情報を消費者に正しく伝えるため、ペットフードの使用目的、成分、給与方法、内容量について、景品表示法に基づく公正競争規約に表示基準が定められている。

■ ペットフードの安全性を確保する体制

法で基準・規格に合わないペットフードを製造・輸入・販売してはならないと定められている（法第6条）。また、基準・規格が設定されていなくても、ペットの健康被害を防止する必要が認められるとき、国は有害な物質を含み、又はその疑いがあるペットフードの製造・輸入・販売を禁止できる（法第7条）。国は、ペットの健康被害を防止するため、基準・規格に違反した、又は有害な物質を含み、又はその疑いがあるペットフードの、廃棄・回収等の措置を命じることができる（法第8条）。

国内で販売されるペットフードの約半分は、海外で製造され輸入されたものである。残りの半分の国内製造においても、主原料に用いられるトウモロコシや小麦等の供給は、ほぼ全量を海外からの輸入に頼っている。ペットフードの安全性を確保するには、原材料の調達から製造・流通・消費に至るまで、追跡可能な状態（トレーサビリティ）を構築することが重要である。そのため、ペットフードを扱う事業者は、製造・輸入・販売にかかわる記録について帳簿を作成しなければならない（法第10条）。ペットフードは一般の小売店で消費者が自由に購入できるため、小売業者が商品を販売した相手や数量をいちいち記録することは求められていない。しかし、有害な物質が混入したペットフードが出回っていることが明らかになった場合には、該当する製品の回収等に協力しなければならない。そのため、ホームセンター、ペットショップ、動物病院も、日頃から自分たちが扱う品目や数量を把握しておくことは重要である。また、誤った使い方により健康を害するおそれもあることから、ペットフードの適正使用の普及啓発も重要となる。小売業者は、日頃から消費者と接する機会も多く、ペットフードの選び方や与え方を広く伝える役割も期待されるところである。

製造業者と輸入業者は事業を始めるにあたり、

事前に届出を行わなければならない（法第9条）。両者はペットフードの内容を最も詳しく知る立場にあり、ペットフードの安全性の確保において、最も重要な役割を担う。原材料の製造のみを行う事業者は、製造業者としての届出は不要である。一方、包装工程を請け負う事業者の場合、作業中に有害物質が混入するおそれがあることから、製造業者として届出が必要となる。たとえ小売業者であっても、店舗で容器を開封し、別の容器に小分けして店頭で陳列・販売する場合は、製造業者として届出が必要となる場合もあるので注意が必要である。この場合、賞味期限にも注意が必要となる。いったん開封すると、光や空気を遮断する容器の保護機能が失われるため、製造業者が設定した賞味期限は、もはや有効であるとはいえない。よって開封した製品を販売する場合の賞味期限は、小売業者が責任をもって表示しなければならない。

事業者の取り組み状況を確認するため、国と（独）農林水産消費安全技術センター（通称「FAMIC」）は法律で定められた事項について、事業者に対し報告を求めたり、立入検査を実施する（法第13条）。立入検査では帳簿の確認や製品の分析を行い、その結果はホームページ等に公開される。検査の信頼性を高めるには、事業者の業務実態を正しく把握することが重要となる。事業者が事前に特別な準備をする余地を与えないよう、立入検査は原則、無通告で実施される。ペットフードの安全性確保の体制について、図2-1 にまとめた。

その他の法律と同様、違反に対して罰則が定められている。なお、重大な違反については、広く注意を促すため、国が報道発表を行う場合もある。

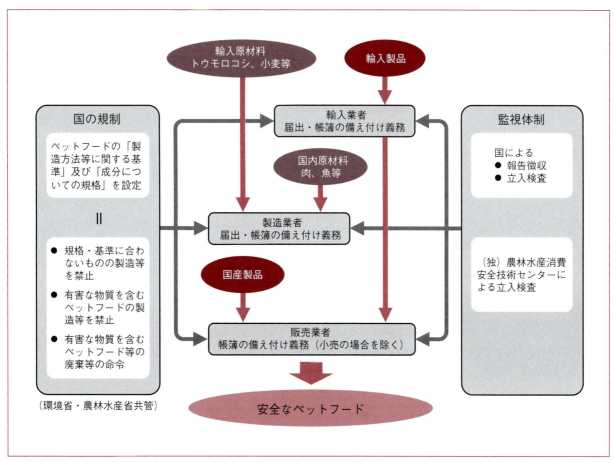

図2-1　ペットフードの安全性確保の体制

動物医療関連法規 各論

■ 安全性と同じくらい重要な品質管理

　利用者がペットフードに求めるものは安全性（有害物質の混入防止）だけではない。栄養価、嗜好性、色・風味・食感、高級感のある原材料のように、利用者が期待する製品特性のことを「品質」という。ペットフードの製造では、仕様書、手順書、製造記録等を体系的に管理する品質マネジメントシステムが重要となる。

3.　その他の関連する法律

■ 飼料の安全性の確保及び品質の改善に関する法律（飼料安全法）

　飼料の安全性の確保及び品質の改善に関する法律（昭和28年4月11日法律第35号）は、飼料及び飼料添加物の製造等に関する規制、飼料の公定規格の設定及びこれによる検定等を行うことにより、飼料の安全性の確保及び品質の改善を図り、公共の安全の確保と畜産物等の生産の安定に寄与することを目的とする法律であり、「飼料安全法」と称される。家畜等（牛、豚、めん羊、山羊、しか、鶏、うずら、密蜂、魚類23種）を対象とし、飼料を「家畜等の栄養に供することを目的として使用される物」、飼料添加物を「飼料の品質の低下の防止等（飼料の栄養成分その他の有効成分の補給、飼料が含有している栄養成分の有効な利用の促進）を目的として飼料に添加、混和、浸潤その他の方法によって用いられる物で、農林水産大臣が農業資材審議会の意見を聴いて指定するもの」と定義している。本法に基づいて、国が飼料の規格及び基準を設定し、それに合致しない飼料等の製造や輸入の禁止、有害物質を含む飼料等の製造や輸入の禁止、廃棄命令がなされる。また、飼料等を製造、輸入又は販売する業者は、届出、報告、立入検査を受けること等が定められている。

■ 水産資源保護法

　水産資源保護法（昭和26年12月17日法律第313号）は、水産資源の保護培養を図り、かつ、その効果を将来にわたって維持することにより、漁業の発展に寄与することを目的とする。水産動植物の採捕制限等（採捕制限等に関する命令、漁法の制限、漁獲限度等）、水産動物の輸入防疫（輸入の許可、焼却等の命令、報告及び立入検査等）、保護水面（指定、区域の変更等、管理者、管理計画、工事の制限等）、さく河魚類の保護培養（人工ふ化放流、内水面におけるさけの採捕禁止等）、水産動植物の種苗の確保、水産資源の調査等について定

表2-7　輸入防疫対象疾病（施行規則第1条の2）

水産動物	輸入防疫対象疾病
こい	コイ春ウイルス血症、コイヘルペスウイルス病
きんぎょその他のふな属魚類、はくれん、こくれん、そうぎょ、あおうお	コイ春ウイルス血症
さけ科魚類の発眼卵、さけ科魚類の稚魚	ウイルス性出血性敗血症、流行性造血器壊死症、ピシリケッチア症、レッドマウス病
くるまえび属のえび類の稚えび	バキュロウイルス・ペナエイによる感染症、モノドン型バキュロウイルスによる感染症、イエローヘッド病、伝染性皮下造血器壊死症、タウラ症候群

められている。

水産動物の輸入防疫では、輸入防疫対象疾病（農林水産省令で定めるもの：表2-7）にかかるおそれのある水産動物であって農林水産省令で定めるもの、及びその容器包装を輸入しようとする者は、農林水産大臣の許可を受けなければならない。また、輸入の許可を受けようとする者は、水産動物の種類及び数量、原産地、輸入の時期及び場所等を記載した申請書及び輸出国政府機関により発行された検査証明書等を提出しなければならないこととなっている。

■ 牛海綿状脳症対策特別措置法

牛海綿状脳症対策特別措置法（平成14年6月14日法律第70号）は、平成13年9月に日本で初めて牛海綿状脳症（BSE）が発生し、社会的問題となっている最中、議員立法として制定された法律である。その目的は、牛海綿状脳症の発生を予防し、及びまん延を防止するための特別の措置を定めること等により、安全な牛肉を安定的に供給する体制を確立し、もって国民の健康の保護並びに肉用牛生産及び酪農、牛肉に係る製造、加工、流通及び販売の事業、飲食店営業等の健全な発展を図ることである。本法では、国及び都道府県の責務、基本計画（農林水産大臣及び厚生労働大臣が基本計画を定めなければならないとしている）、牛の肉骨粉を原料等とする飼料の使用の禁止、死亡牛の届出と検査、と畜場におけるBSEに係る検査（と畜場内で解体された厚生労働省令で定める月齢以上の牛等）、牛に関する情報の記録等、牛の生産者等の経営の安定のための措置、正しい知識の普及等が定められている。

BSE対策特別措置法の成立に関連して、「牛の個体識別のための情報の管理及び伝達に関する特別措置法」（平成15年6月11日法律第72号）、いわゆる「牛トレーサビリティ法」が制定された。牛の個体の識別のための情報の適正な管理及び伝達に関する特別の措置を講ずることにより、牛海綿状脳症のまん延を防止するための措置の実施の基礎とするとともに、牛肉に係る当該個体の識別のための情報の提供を促進し、もって畜産及びその関連産業の健全な発展並びに消費者の利益の増進を図ることを目的としている。本法の対象は、牛及び牛肉であり、牛は個体識別番号が刻印された耳標を装着（取り外し禁止）し、特定牛肉には個体識別番号を表示して伝達することが定められている。法律には、台帳、牛の出生等の届出と耳標の管理、特定牛肉の表示等が定められている。また、本法に基づいて、牛トレーサビリティ制度が運用されている。

参考図書

1. ペットフード安全法研究会（2009）：ペットフード安全法の解説，大成出版社，東京.
2. 環境省自然環境局総務課動物愛護室（2012）：ペットフード安全法のあらまし，環境省.
3. 環境省自然環境局総務課動物愛護室（2011）：知って納得！ ペットフードの表示，環境省.
4. 内閣府食品安全委員会（2011）：どうやって守るの？ 食べ物の安全性，内閣府.
5. 農林水産省生産局畜産部 監修（2009）：獣医畜産六法 平成22年版，新日本法規出版，東京.
6. 扇元敬司 他 編（2014）：最新 畜産ハンドブック，講談社，東京.
7. 明石博臣 他 編（2011）：動物の感染症，第三版，近代出版，東京.
8. 福所秋雄 他 編（2014）：動物微生物検査学，近代出版，東京.
9. e-Gov（法令データ提供システム）：law.e-gov.go.jp
10. 農林水産省ホームページ：www.maff.go.jp

動物医療関連法規 各論

第2章　家畜衛生行政法規　演習問題

問1 「家畜伝染病予防法」で定められる法定伝染病において、伝染性疾病ごとに定められる家畜の種類に<u>含まれないもの</u>はどれか？

① 牛

② 豚

③ 犬

④ あひる

⑤ 蜜蜂

問2 「家畜伝染病予防法」において定められる次の伝染性疾病のうち、家畜の種類に犬を含むものはどれか？

① 狂犬病

② 炭疽

③ ブルセラ病

④ レプトスピラ症

⑤ サルモネラ症

問3 「ペットフード安全法」で表示が義務づけられているのはどれか？

① 製造年月日

② 賞味期限

③ 栄養成分

④ 給与方法

⑤ ペットフードの使用目的

問4 「ペットフード安全法」で、ペットフード中の上限値が<u>定められていないもの</u>はどれか？

① かび毒

② 重金属

③ 農薬

④ メラミン

⑤ 有害微生物

問5 牛のトレーサビリティ制度が基づいている法律はどれか？

① 家畜伝染病予防法

② 牛海綿状脳症特別対策措置法

③ 飼料の安全性の確保及び品質の改善に関する法律

④ 牛の個体識別のための情報の管理及び伝達に関する特別措置法

⑤ 動物の愛護及び管理に関する法律

解　答

問1　正解 ③ 犬

法で定める家畜伝染病を「法定伝染病」と称し（法第2条第1項）、伝染性疾病ごとに家畜の種類も定められている（法第2条、家畜伝染病予防法施行令）。法定伝染病の対象となっている家畜には、牛、馬、めん羊、山羊、豚、鶏、あひる、うずら、蜜蜂、いのしし、七面鳥等があるが、犬は含まれない。本法の法定伝染病として定められる狂犬病の家畜には犬は含まれておらず、狂犬病予防法で定められている。

問2　正解 ④ レプトスピラ症

家畜伝染病（法定伝染病）と届出伝染病を総称して「監視伝染病」といい、定められる伝染性疾病ごとに家畜の種類が定められているが、犬を含む疾病はレプトスピラ症だけである。

問3　正解 ② 賞味期限

ペットフード安全法では5項目の表示が義務づけられている。これ以外に、商品選択に必要な情報を消費者に正しく伝えるため、ペットフードの使用目的、成分、給与方法、内容量について、景品表示法に基づく公正競争規約に表示基準が定められている。

問4　正解 ⑤ 有害微生物

ペットフード中に含まれる上限値が定められている成分には、かび毒、重金属、有機塩素系化合物、農薬、添加物、メラミン等がある。なお、有害微生物については、「製造の方法に関する基準」が定められ、有害な微生物等に汚染された原材料を用いてはならないこと、また加熱や乾燥等を行うペットフードの場合、原材料等に由来し、かつ発育し得る微生物を除去するに十分な効力を有する方法で行うことが求められている。

問5　正解 ④ 牛の個体識別のための情報の管理及び伝達に関する特別措置法

BSE対策特別措置法の成立に関連して制定された「牛の個体識別のための情報の管理及び伝達に関する特別措置法」が、いわゆる「牛トレーサビリティ法」であり、それに基づいて運用されているのが牛のトレーサビリティ制度である。国内で飼養された牛には個体識別番号が刻印された耳標がつけられ、食肉処理された牛の精肉には、牛の個体識別番号又はロット番号が表示される。この制度により、その牛がいつどこで生まれ、育てられ、食肉処理されたか等が確認できるようになっている（牛のトレーサビリティ）。

第3章
公衆衛生行政法規

一般目標

公衆衛生行政法規のうち、動物看護業務に関連する法規について、その種類と概要を理解する。

到達目標

1）感染症の予防及び感染症の患者に対する医療に関する法律（感染症法）について、概要を説明できる。
2）狂犬病予防法について、概要を説明できる。
3）身体障害者補助犬法について、概要を説明できる。

キーワード

人の感染症　獣医療関係者の責務　獣医師の届出　動物の輸入に関する措置　狂
犬病　飼育犬の登録　鑑札　狂犬病予防注射　注射済票　身体障害者補助犬

1. 感染症の予防及び感染症の患者に対する医療に関する法律（感染症法）

感染症の予防及び感染症の患者に対する医療に関する法律（平成10年10月2日法律第114号）は、社会の発展とともに変化する感染症を取り巻く環境に対応するため、伝染病予防法に替わって1999年4月1日から施行され、一般に「感染症法」と称される。本法は、感染症の予防はもちろんのこと、感染症の患者等の人権を尊重した総合的な施策の推進を図るための法律でもある。また、近年の東アジアにおける重症呼吸器症候群（SARS）の発生、国際交流の急速な進展、高病原性鳥インフルエンザや新型インフルエンザの発生等、現代社会が新たに抱える感染症に関する課題に対応するため、幾度の改正を経て現在に至っている。感染症の予防等のために行うべき、国や地方公共団体、医師その他の医療関係者、獣医師その他の獣医療関係者並びに、国民の責務について明確に定められている。

本法は前文に始まり、全14章及び附則で構成されている。基本指針、情報の収集及び公表、消毒その他の措置、医療、新型インフルエンザ等感染症、新感染症、結核、特定病原体等が定められているが、感染症の病原体を媒介するおそれのある動物の輸入に関する措置（第10章）も盛り込まれていることから、動物医療関係者が十分に理解しておくべき法律である。

■ 法の目的と基本理念

本法は、感染症の予防及び感染症の患者に対す

動物医療関連法規 各論

る医療に関し、必要な措置を定めることにより、感染症の発生を予防し、及びそのまん延の防止を図り、もって公衆衛生の向上及び増進を図ることを目的とする（第1条）。また、国及び地方公共団体が講ずる施策は、国際的動向を踏まえつつ、保健医療を取り巻く環境の変化、国際交流の進展等に即応し、新感染症その他の感染症に迅速かつ適確に対応することができるよう、感染症の患者等が置かれている状況を深く認識し、これらの者の人権を尊重しつつ、総合的かつ計画的に推進されることを基本理念としている（第2条）。

■ 国民や獣医療関係者の責務

法第4条から第5条において、国及び地方公共団体、国民、医師その他の医療関係者（医師等）、獣医師その他獣医療関係者（獣医師等）の責務が定められている。

国民：感染症に関する正しい知識をもち、その予防に必要な注意を払うよう努めるとともに、感染症の患者等の人権が損なわれることがないようにしなければならない。

獣医師等：感染症の予防に関し、国及び地方公共団体が講ずる施策に協力するとともに、その予防に寄与するよう努めなければならない。

動物取扱業者：動物又はその死体の輸入、保管、貸出し、販売又は遊園地、動物園、博覧会の会場その他不特定かつ多数の者が入場する施設若しくは場所における展示を業として行う者を「動物取扱業者」とし、「輸入し、保管し、貸出しを行い、販売し、又は展示する動物又はその死体が感染症を人に感染させることがないように、感染症の予防に関する知識及び技術の習得、動物又はその死体の適切な管理その他の必要な措置を講ずるよう努めなければならない」としている。

■ 法が定める感染症等

本法は、症状の重さ、病原体の感染力、治療法の有無、社会的影響の大きさ等から、感染症を一

類感染症から五類感染症、新型インフルエンザ等感染症、指定感染症及び新感染症に分けて定義している（第6条第1項～第9項）（表3-1）。この分類に基づいて、危険度に応じた対策が講じられる。

第6条では、感染症の疑似症を呈している者を「疑似症患者」、感染症の病原体を保有している者であって当該感染症の症状を呈していない者を「無症状病原体保有者」と定義している（第6条第10項～第11項）。一類感染症の疑似症患者や、二類感染症のうち結核、重症急性呼吸器症候群、中東呼吸器症候群及び鳥インフルエンザH5N1又はH7N9の疑似症患者、新型インフルエンザ等感染症の疑似症患者（かかっていると疑うに足りる正当な理由があるもの）については、それぞれ患者と見なして本法の規定を適用することとなっている（第8条第1項～第2項）。また、一類感染症や新型インフルエンザ等感染症の無症状病原体保有者については、それぞれ患者として本法の規定を適用することになっている（第8条第3項）。

■ 感染症に関する情報の収集及び公表（第3章）

第3章は第12条から第16条までで構成され、医師や獣医師の届出、感染症の発生の状況及び動向の把握、原因の調査、検疫所長との連携、情報の公開、並びに協力の要請等について定められている。

獣医師の届出（第13条）

獣医師は、一類感染症、二類感染症、三類感染症、四類感染症又は新型インフルエンザ等感染症のうち、エボラ出血熱、マールブルグ病その他の政令で定める感染症ごとに、政令で定めるサルその他の動物が当該感染症にかかり、又はかかっている疑いがあると診断したときは、直ちに所有者（所有者以外の者が管理する場合は、その者）の氏名等を最寄りの保健所長を経由して都道府県知事

に届け出なければならない（第13条第1項）（表3-2）。また、前項の政令で定める動物の所有者は、獣医師の診断を受けない場合、当該動物が同項の政令で定める感染症にかかり、又はかかっている疑いがあると認めたときは、同項の規定による届出を行わなければならない（第13条第2項）。これら届出は、原則として、動物の死体について当該感染症にかかり、又はかかっていた疑いがある場合についても準用される。

感染症の発生の状況、動向及び原因の調査（第15条）

都道府県知事（緊急のときには厚生労働大臣）は、都道府県の職員に一類感染症から五類感染症、若しくは新型インフルエンザ等感染症の患者、疑似症患者及び無症状病原体保有者、新感染症の所見がある者、又は感染症を人に感染させるおそれがある動物、若しくはその死体の所有者、若しくは管理者その他の関係者に質問させ、又は必要な調査をさせることができる。また、当該患者等（動物又はその死体の所有者若しくは管理者その他関係者を含む）は、その質問又は必要な調査に協力するよう努めなければならないことが定められている（第15条第3項）。

■ 消毒その他の措置（第5章）

第5章は第27条から第36条までを含み、感染症の病原体に汚染された場所の消毒、ねずみ族や昆虫等の駆除、物件に係る措置、死体の移動制限等のほか、建物に係る措置、交通の制限や遮断等についても定められている。

物件に係る措置（第29条）

都道府県知事は、一類感染症から四類感染症、又は新型インフルエンザ等感染症の発生等に対して必要と認めるときは、当該感染症の病原体に汚染され、又は汚染された疑いがある飲食物、衣類、寝具その他の物件について、その所持者に対し、当該物件の移動を制限し、若しくは禁止し、消毒、廃棄その他必要な措置をとるべきことを命ずることができる。

質問及び調査（第35条）

都道府県知事は、必要があると認めるときは、都道府県職員に一類感染症から四類感染症、若しくは新型インフルエンザ等感染症の患者がいる場所（いた場所）、当該感染症により死亡した者の死体がある場所（あった場所）、当該感染症を人に感染させるおそれがある動物がいる場所（いた場所）、当該感染症により死亡した動物の死体がある場所（あった場所）等に立ち入り、当該感染症の患者、疑似症患者、若しくは無症状病原体保有者、若しくは当該感染症を人に感染させるおそれがある動物、若しくはその死体の所有者若しくは管理者その他の関係者に質問させ、又は必要な調査をさせることができる。

■ 感染症の病原体を媒介するおそれのある動物の輸入に関する措置（第10章）

輸入禁止（第54条）

原則として、感染症を人に感染させるおそれが高いものとして政令で定める動物（指定動物）（表3-3）で、厚生労働省令及び農林水産省令で定める地域から発送されたもの、並びにその地域を経由したものは、輸入してはならない。

輸入検疫（第55条）

指定動物を輸入しようとする者（輸入者）は、厚生労働省令、農林水産省令で定める事項を記載した輸出国の政府機関により発行された証明書又はその写しを添付しなければならない。また、指定動物は、農林水産省令で定める港又は飛行場以外の場所で輸入してはならない。さらに、輸入者は、当該指定動物の種類及び数量、輸入の時期及び場所等を動物検疫所に届け出なければならな

動物医療関連法規 各論

表3-1　感染症法に定められる感染症

	感染性の疾病	政令又は省令で定める感染性の疾病
一類 （第6条第2項）	エボラ出血熱、クリミア・コンゴ出血熱、痘そう、南米出血熱、ペスト、マールブルグ病、ラッサ熱	
二類 （第6条第3項）	急性灰白髄炎、結核、ジフテリア、重症急性呼吸器症候群（病原体がコロナウイルス属SARSコロナウイルスであるものに限る）、鳥インフルエンザ（病原体がインフルエンザウイルスA属インフルエンザAウイルスであってその血清亜型がH5N1であるものに限る。第5項第7号において「鳥インフルエンザ（H5N1）」という）	
三類 （第6条第4項）	コレラ、細菌性赤痢、腸管出血性大腸菌感染症、腸チフス、パラチフス	
四類 （第6条第5項）	E型肝炎、A型肝炎、黄熱、Q熱、狂犬病、炭疽、鳥インフルエンザ（鳥インフルエンザ（H5N1）を除く）、ボツリヌス症、マラリア、野兎病、その他政令で定めるもの	ウエストナイル熱、エキノコックス症、オウム病、オムスク出血熱、回帰熱、キャサヌル森林病、コクシジオイデス症、サル痘、重症熱性血小板減少症候群（病原体がフレボウイルス属SFTSウイルスであるものに限る）、腎症候性出血熱、西部ウマ脳炎、ダニ媒介脳炎、チクングニア熱、つつが虫病、デング熱、東部ウマ脳炎、ニパウイルス感染症、日本紅斑熱、日本脳炎、ハンタウイルス肺症候群、Bウイルス病、鼻疽、ブルセラ症、ベネズエラウマ脳炎、ヘンドラウイルス感染症、発しんチフス、ライム病、リッサウイルス感染症、リフトバレー熱、類鼻疽、レジオネラ症、レプトスピラ症、ロッキー山紅斑熱
五類 （第6条第6項）	インフルエンザ（鳥インフルエンザ及び新型インフルエンザ等感染症を除く）、ウイルス性感染及びA型肝炎を除く）、クリプトスポリジウム症、後天性免疫不全症候群、性器クラミジア感染症、梅毒、麻しん、メチシリン耐性黄色ブドウ球菌感染症、その他省令で定めるもの	アメーバ赤痢、RSウイルス感染症、咽頭結膜熱、A群溶血性レンサ球菌咽頭炎、カルバペネム耐性腸内細菌科細菌感染症、感染性胃腸炎、急性出血性結膜炎、急性脳炎（ウエストナイル脳炎、西部ウマ脳炎、ダニ媒介脳炎、東部ウマ脳炎、日本脳炎、ベネズエラウマ脳炎及びリフトバレー熱を除く）、クラミジア肺炎（オウム病を除く）、クロイツフェルト・ヤコブ病、劇症型溶血性レンサ球菌感染症、細菌性髄膜炎（第14号から第16号までに該当するものを除く。以下同じ）、ジアルジア症、侵襲性インフルエンザ菌感染症、侵襲性髄膜炎菌感染症、侵襲性肺炎球菌感染症、水痘、性器ヘルペスウイルス感染症、尖圭コンジローマ、先天性風しん症候群、手足口病、伝染性紅斑、突発性発しん、播種性クリプトコックス症、破傷風、バンコマイシン耐性黄色ブドウ球菌感染症、バンコマイシン耐性腸球菌感染症、百日咳、風しん、ペニシリン耐性肺炎球菌感染症、ヘルパンギーナ、マイコプラズマ肺炎、無菌性髄膜炎、薬剤耐性アシネトバクター感染症、薬剤耐性緑膿菌感染症、流行性角結膜炎、流行性耳下腺炎、淋菌感染症

	感染性の疾病	政令又は省令で定める感染性の疾病
新型インフルエンザ等感染症（第6条第7項）	新型インフルエンザ、再興型インフルエンザ	
指定感染症（第6条第8項）	政令で定めるもの	
新感染症（第6条第9項）	人から人に伝染すると認められる疾病であって、すでに知られている感染性の疾病とその病状又は治療の結果が明らかに異なるもので、当該疾病にかかった場合の病状の程度が重篤であり、かつ、当該疾病のまん延により国民の生命及び健康に重大な影響を与えるおそれがあると認められるもの	

表3-2　獣医師等が届け出なければならない感染性の疾病とその動物

感染性の疾病	政令で定める動物
エボラ出血熱	サル
マールブルグ病	サル
ペスト	プレーリードッグ
重症急性呼吸器症候群（病原体がSARSコロナウイルスであるものに限る）	イタチアナグマ、タヌキ、ハクビシン
細菌性赤痢	サル
ウエストナイル熱	鳥類に属する動物
エキノコックス症	犬
結核	サル
鳥インフルエンザ（H5N1及びH7N9）	鳥類に属する動物
新型インフルエンザ等感染症	鳥類に属する動物
中東呼吸器症候群（病原体がMERSコロナウイルスであるものに限る）	ヒトコブラクダ

表3-3　輸入禁止等の指定動物

政令で定める動物
イタチアナグマ、コウモリ、サル、タヌキ、ハクビシン、プレーリードッグ、ヤワゲネズミ

動物医療関連法規　各論

い。

輸入届出（第56条の2）

指定動物を除く動物及び動物の死体のうち、厚生労働省令で定めるもの（届出動物等）（表3-4）を輸入しようとする者は、届出動物等の種類、数量等を記載した届出書を厚生労働大臣に提出しなければならない。この場合、当該届出書には、輸出国における検査の結果、届出動物等ごとに厚生労働省令で定める事項を記載した輸出国の政府機関により発行された証明書又はその写しを添付しなければならない。また、届出動物等の輸入の届出に関して必要な事項も、厚生労働省令で定められている。

■ 特定病原体等

感染症の病原体を危険度等で、所持してはならないものから、所持した場合に届け出なければならないものまでに分類し、特定病原体（一種病原体等から四種病原体等まで）として定めている。これらの病原体の所持者等には、病原体の種類等に応じて、感染症発生予防規定の作成、病原体等取扱主任者の選任、病原体等取扱主任者の責務、教育訓練、滅菌、記帳義務等の諸義務が課されるとともに、施設や保管の基準等、運搬の届出等、事故届、災害時の応急措置等が定められている。

一種病原体等：病原体等5種類及び政令で定めるもの。原則として、何人も、所持し、輸入し、譲り渡し、譲り受けてはならない。

表3-4　輸入届出の必要な届出動物等

第一欄（届出動物等）	第二欄（感染症）
齧歯目に属する動物（第54条に規定の指定動物及び次項の第一欄に掲げるものを除く）	ペスト、狂犬病、サル痘、腎症候性出血熱、ハンタウイルス肺症候群、野兎病及びレプトスピラ症
齧歯目に属する動物（指定動物を除く）で、感染性の疾病の病原体に汚染され、又は汚染された疑いのないことが確認され、動物を介して人に感染するおそれのある疾病が発生し、又はまん延しないよう衛生的な状態で管理されているもの（厚生労働大臣が定める材質及び形状に適合する容器に入れられているものに限る）	ペスト、狂犬病、サル痘、腎症候性出血熱、ハンタウイルス肺症候群、野兎病及びレプトスピラ症
うさぎ目に属する動物（家畜伝染病予防法に規定する指定検疫物（指定検疫物）を除く）	狂犬病、野兎病
哺乳類に属する動物（指定動物、前項の動物、狂犬病予防法に掲げるもの、及び指定検疫物を除き、陸生のもの）	狂犬病
鳥類に属する動物（指定検疫物を除く）	ウエストナイル熱及び高病原性鳥インフルエンザ
齧歯目に属する動物の死体（次項の第一欄に掲げるものを除く）	ペスト、サル痘、腎症候性出血熱、ハンタウイルス肺症候群、野兎病及びレプトスピラ症
齧歯目に属する動物の死体で、指定される濃度のホルムアルデヒド溶液又はエタノール溶液のいずれかの溶液中に密封されたもの	ペスト、サル痘、腎症候性出血熱、ハンタウイルス肺症候群、野兎病及びレプトスピラ症
うさぎ目に属する動物の死体（次項の第一欄に掲げるものを除く）	野兎病
うさぎ目に属する動物の死体で、指定される濃度のホルムアルデヒド溶液又はエタノール溶液のいずれかの溶液中に密封されたもの	野兎病

二種病原体等：病原体等6種類及び政令で定める
もの。原則として、所持しようとする者、又は輸
入する者は、厚生労働大臣の許可を受けなければ
ならない。また、譲渡し及び譲受けの制限が定め
られている。

三種病原体等：病原体等3種類及び政令で定める

もの。原則として、所持する者は、所持の開始か
ら7日以内に必要な事項を厚生労働大臣に届け出
なければならない。また、輸入した者も同様に届
け出なければならない。

四種病原体等：病原体等10種類及び政令で定め
るもの。

2. 狂犬病予防法

■ 法の目的

　狂犬病予防法（昭和25年8月26日法律第247
号、以下「法」という）は、狂犬病の発生を予防
し、そのまん延を防止し、及びこれを撲滅するこ
とにより、公衆衛生の向上及び公共の福祉の増進
を図ることを目的とする（法第1条）。

■ 法の構成

　法は、「第1章 総則（第1条〜第3条）」、「第2
章 通常措置（第4条〜第7条）」、「第3章 狂犬病
発生時の措置（第8条〜第19条）」、「第4章 補則
（第20条〜第25条の3）」、「第5章 罰則（第26条
〜第28条）」から構成される。第2章で定める「通
常措置」とは、狂犬病が発生していない状況にお
ける措置、すなわち、現在わが国で実施されてい
る発生予防対策及び輸出入検疫である。狂犬病の
発生予防対策及び狂犬病発生時の措置は厚生労働
省、輸出入検疫は農林水産省が所管する。

■ 法の概要

適用範囲

　法が適用される動物は、犬と、その他の政令で
定める動物である（法第2条第1項）。その他の動
物として、猫、あらいぐま、きつね、スカンクが
定められている（狂犬病予防法施行令第1条）。

狂犬病予防員

　狂犬病予防業務に携わる狂犬病予防員（以下
「予防員」という）は、都道府県の職員である獣医
師の中から任命される（法第3条1項）。

わが国における狂犬病対策

・通常措置

①狂犬病の発生予防対策

　i. 所有者の義務

　　a. 飼育犬の登録

　　　犬の所有者は、犬を取得した日（生後90日
　　以内の犬の場合は生後90日を経過した日）
　　から30日以内にその犬の所在地を管轄する
　　市区町村長に登録を申請し、犬の鑑札を取得
　　しなければならない（法第4条第1項、同条
　　第2項）。

　　b. 狂犬病予防注射

　　　犬の所有者（所有者以外の者が管理する場
　　合には、その者）は、飼い犬に狂犬病予防注
　　射を毎年1回受けさせ、注射済票を取得しな
　　ければならない（法第5条第1項、同条第2
　　項）

　　c. 鑑札と注射済票の装着

　　　犬の所有者等は、交付された鑑札と注射済
　　票を、飼い犬に着けておかなければならない
　　（法第4条第3項、第5条第3項）。

　　d. その他の届け出

　　　犬の所有者は、犬が死亡したときや、犬の

動物医療関連法規 各論

所在地等を変更したときは、30日以内に市区町村長に届け出なければならない。犬の所在地を変更した場合は新所在地において届け出を行う（法第4条第4項）。所有者が変わったときは、新所有者は30日以内に市区町村長に届け出なければならない（法第4条第5項）。

　これらの規定に違反し、犬の登録の申請をせず、鑑札を犬に着けず、又は届け出をしなかった場合や、犬に狂犬病の予防注射を受けさせず、又は注射済票を着けなかった場合は、20万円以下の罰金に処せられる（法第27条第1項、同条第2項）。

ⅱ．未登録・未注射犬の抑留

　都道府県等の予防員は、登録を受けていない、又は鑑札を着けていない犬、狂犬病予防注射を受けていない、又は注射済票を着けていない犬を抑留しなければならない（法第6条第1項）。この規定により、鑑札と注射済票をつけていない犬は未登録・未注射犬として、予防員による抑留の対象となる。

②狂犬病の侵入防止対策

　狂犬病の国内への侵入防止対策として、輸出入検疫が実施されている。何人も、検疫を受けた犬等でなければ輸出し、又は輸入してはならない

（法第7条第1項）。すなわち、法の対象動物である犬、猫、あらいぐま、きつね、スカンクについては、輸出入に際し、法に基づき狂犬病の有無についての検疫が行われる。輸出入検疫に関する事務は、農林水産大臣の所管である（同条第2項）。これらの動物の検疫は農林水産省の動物検疫所において行われる。法で定める検疫に関する事項は、同項に基づき、「犬等の輸出入検疫規則」（平成11年10月1日農林水産省令第68号）に規定されている。

・狂犬病発生時の措置

　狂犬病発生時の措置は、狂犬病のまん延防止対策である。狂犬病罹患犬等を診断又は検案した獣医師等には、保健所長への届出義務（法第8条第1項）、これらの動物の隔離義務があり（法第9条第1項）、都道府県知事が行う措置として、公示と犬の繋留命令等（法第10条）、犬の一斉検診又は臨時の予防注射（法第13条）、病勢鑑定のための犬等の死体の解剖等（法第14条）、犬の移動制限（法第15条）、交通の遮断又は制限（法第16条）、集合施設の禁止（法第17条）、繋留されていない犬の抑留（法第18条第1項）及び薬殺（第18条の2）等が定められている。隔離された犬等は予防員の許可なく殺害することが禁止され（法第11条）、狂犬病にかかった犬等が死んだ場合には、その所有者は、その死体を検査又は解剖のため、予防員に引き渡さなければならない（法第12条）。

3. 身体障害者補助犬法

■ 身体障害者補助犬法の概要

　2002年5月に成立、同10月より施行された身体障害者補助犬法（以下「法」という）は、「身体障害者補助犬を訓練する事業を行う者及び身体障害者補助犬を使用する身体障害者の義務等を定め

るとともに、身体障害者が国等が管理する施設、公共交通機関等を利用する場合において身体障害者補助犬を同伴することができるようにするための措置を講ずること等により、身体障害者補助犬の育成及びこれを使用する身体障害者の施設等の利用の円滑化を図り、身体障害者の自立及び社会

参加の促進に寄与すること」を目的とした法律である（法第1条）。またこの法律によって、わが国における身体障害者補助犬は「盲導犬、介助犬、聴導犬」であることが定められている（法第2条）。

　以上のように、補助犬法では、補助犬使用者の社会参加を認めるだけでなく、訓練事業を第二種社会福祉事業とする社会福祉法改正、福祉用具を福祉用具等とする障害者基本法改正も行われ、補助犬訓練事業者にも届出、及び専門職との連携、継続指導と、必要に応じた再訓練等の義務や責務が課せられることになった。さらに、補助犬の使用者とその補助犬は、厚生労働大臣指定法人による認定を受けることが義務づけられた。この認定の目的は、上記の法第1条にある社会での受け入れ義務を課すことであり、それにより補助犬による障害者の自立と社会参加が促進されることである。そしてその認定条件として、訓練事業者が法に基づいた適切な補助犬を訓練するだけでなく、その使用者が補助犬法に定められた基準に合致した訓練を受けた犬を適切に飼育管理し、衛生・健康及び行動管理をすることで公衆衛生上の迷惑をかけないようにすることであるとしている。

　つまり、わが国の補助犬法の特徴として、条文には補助犬を使用する身体障害者の社会へのアクセスの保障だけでなく、良質な補助犬の育成について多くを費やしていることが挙げられる。このことは、多くの諸外国では補助犬に関する法律が障害者差別禁止法の中に補助犬を使用する障害者のアクセス保障について取り上げられているだけであるのに比べると、わが国の補助犬法は極めて稀な法律であるということができる。

■ 身体障害者補助犬法の二つの柱

良質な補助犬の育成

・訓練事業者の義務

　法第2章の第3条から第5条までは、補助犬の訓練についての項である。まず法第3条第1項で

は、すべての場合において訓練事業者が遵守すべき補助犬の質の確保に関する基礎的な規定について述べられている。補助犬の適性としては、遺伝性疾患がないこと、そのほかの健康面や性質、体格が期待する補助にふさわしいこと等が挙げられる。また、訓練事業者は医療従事者や獣医師と連携すべきであることが明示されている。法第4条は、特に障害が進行するケースにおいて、必要に応じて再訓練、すなわちアフターケアの義務を課した規定である。障害が固定している場合でも、適切なアフターケアを行わなければ適切な作業が行えなくなることもあるため、法第5条「前2条に規定する身体障害者補助犬の訓練に関し必要な事項は、厚生労働省令で定める。」を根拠として、身体障害者補助犬法施行規則（厚生労働省令）によって、すべての補助犬に対してアフターケアの義務が課せられている。また、各々の補助犬の訓練基準についても、法第5条を根拠として身体障害者補助犬法施行規則として定められている。

・監督手段

　訓練事業者の義務を遵守させるための規定として、補助犬法の制定と同時に社会福祉法と身体障害者福祉法の規定が改正されている。すなわち、社会福祉法第2条と身体障害者福祉法第4条の2を改正し、介助犬訓練事業と聴導犬訓練事業を第二種社会福祉事業に位置づけた。第二種社会福祉事業になったことにより、介助犬及び聴導犬の訓練事業者は都道府県（政令指定都市）への届け出が義務づけられたほか、知事の立ち入り検査、業務停止命令等の監督が及ぶことになった。

　なお、盲導犬については、補助犬法施行以前から社会福祉法第2条により第二種社会福祉事業に位置づけられ、国家公安委員会規則第17号（盲導犬の訓練を目的とする法人の指定に関する規則）に訓練施設の指定の基準、事業等の報告義務、改善勧告と、指定取り消しについて規定されている。

第3章 公衆衛生行政法規

動物医療関連法規 各論

アクセスの保障

・アクセス保障の内容（第4章第7条～第12条）

補助犬法により、補助犬を同伴する身体障害者に対して受け入れ義務が課されたのは、以下のとおりである。

1. 国及び地方公共団体並びに独立行政法人、特殊法人、そのほかの政令で定める公共法人が管理する施設
2. 鉄道、路面電車、路線バス、船舶、航空機及びタクシー（これらを利用するためのターミナル施設を含む）
3. 不特定かつ多数の者が利用する民間施設
4. 職員が勤務時間中に補助犬を使用する場合の障害者雇用事業主（障害者の雇用の促進等に関する法律の第43条第1項の規定により算定した同項に規定する法定雇用障害者数が1人以上である場合）

ここで最も議論が多いのが、「不特定かつ多数の者が利用する民間施設」である。つまり、個人事業主の小さな居酒屋やベーカリー等の店舗、個人医院、旅館等も「不特定かつ多数の者が利用する」施設である限り、受け入れ義務は生じる。ただし、著しい損害を受けるおそれがある場合や、そのほかの止むを得ない理由がある場合は、受け入れ拒否ができるとしている。

一方、受け入れ努力義務が課されることになったのは、以下のとおりである。

1. 職員が勤務時間中に補助犬を使用する場合の障害者雇用事業主以外の事業主（国等の公的機関については受け入れ義務）
2. 民間住宅に補助犬使用者が入居する場合における住宅の貸主、マンション等の管理組合（国等の公的機関の住宅については受け入れ義務）

なお、同伴が権利として認められている補助犬はいうまでもなく、身体障害者個人のために訓練された補助犬であり、使用者以外の者に同伴された場合は受け入れ義務はない。つまり、アクセスの保障は「補助犬」に対するものではなく、「補助犬を使用する身体障害者」であることを忘れてはならない。

・アクセスを保障される要件

アクセス保障の規定をおくためには、どのような犬であれば認められるかが問題となる。それについては、受け入れを義務づける必要性、すなわち、①その犬が障害者のために必要な犬であることが要求される。また、受け入れた者に迷惑がかかることを避けるためには、②犬が公共施設等において迷惑をかけないような訓練ができていること、③犬の衛生が確保されていることが要求される。さらに①、②、③の要件を満たしていることを受け入れ側が判別できるように、④表示や書類の所持が必要となり、またそれだけではなく、⑤使用者は犬の行動を十分に管理することで受け入れ側に迷惑をかけないことが要求されている。

上記の①と②を満たすために行われるのが、法第5章第16条に記載されている厚生労働省が指定した法人、つまり訓練事業者ではなく厚生労働省が指定した第三者機関による認定である。第16条以外の第5章の規定は、同条を実施するための付随的規定である。これらの認定にかかわるのは、現在のところは介助犬と聴導犬のみである。盲導犬については、道路交通法の体系で育成・認定が行われてきた歴史に配慮し、当分の間は補助犬法における認定なしにアクセスを認めている（法第2条第2項、附則2条）。

③の規定については第6章にあり、「訓練事業者及び身体障害者補助犬を使用する身体障害者は、犬の保健衛生に関し獣医師の行う指導を受けるとともに、犬を苦しめることなく愛情をもって接すること等により、これを適正に取り扱わなければならない」（法第21条）、「身体障害者補助犬を使用する身体障害者は、その身体障害者補助犬につ

いて、体を清潔に保つとともに、予防接種及び検診を受けさせることにより、公衆衛生上の危害を生じさせないよう努めなければならない」（法第22条）とある。

④の表示の規定は、法第12条第1項にある。補助犬法で規定された表示には、補助犬の種類と認定番号、認定年月日、犬種、認定法人の名称及び連絡先（盲導犬の場合は訓練施設の名称と連絡先）が記載されている（図3-1）。この表示は補助犬法施行規則第4条により、「補助犬の胴体に見やすいように行わなければならない」と規定され、盲導犬の場合はハーネスに、介助犬・聴導犬の場合はケープやベストに装着される（図3-2）。認定証については身体障害者補助犬法施行規則第9条第5項に記載されており、使用者はこの認定証を常に携帯しなければならない（図3-3）。

書類の規定については第12条第2項にあり、補助犬法施行規則第5条により、①補助犬の予防接種及び検診の実施に関する記録（予防接種及び検診を実施した診療機関等の名称及び獣医師の署名又は記名押印がなければならない）、②そのほか、補助犬の衛生の確保のための健康管理に関する記録を携帯する必要がある。

これに関する専門的な指針として、身体障害者補助犬の衛生確保を目指して実践的な作業を行うために2002年に「身体障害者補助犬の衛生確保のための健康管理ガイドラインの作成に関する研究（平成13年度厚生科学特別研究事業：研究代表者：山根義久）」が行われ、「身体障害者補助犬の衛生確保のための健康管理ガイドライン」と補助犬使用者が携帯するための「身体障害者補助犬管理手帳」（図3-4）が作成されている。第7条以下の各規定にあるとおり、第12条第1項の表示がされていない犬は、たとえ補助犬であっても受け入れ義務はない。また第14条には、補助犬以外の犬に第12条第1項の表示又はこれと紛らわしい表示をしてはならない旨が定められている。

〇　〇　犬

認定番号	
認定年月日	
犬種	
認定を行った指定法人の名称	
指定法人の住所及び連絡先	

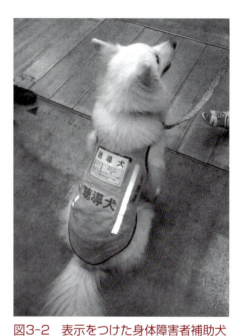

図3-1　様式第一号（身体障害者補助犬法施行規則第4条関係）認定を受けた身体障害者補助犬の表示

図3-2　表示をつけた身体障害者補助犬

（写真は、特定非営利活動法人 日本介助犬アカデミーより提供）

（表面）

身体障害者補助犬認定証
（〇〇犬）

写真（使用者）　写真（認定犬）

使用者名　（性別）生年月日
使用者の住所及び連絡先
犬の名前　（性別）生年月日
犬種、毛色、毛質
狂犬病予防法に基づく登録番号

（裏面）

認定番号
認定年月日
指定法人名
指定法人の代表者名　印
指定法人の住所及び連絡先
訓練事業者名
訓練事業者の代表者名
訓練事業者の住所及び連絡先

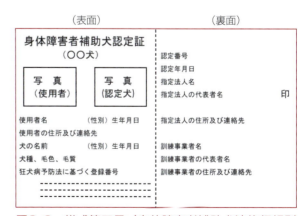

図3-3　様式第三号（身体障害者補助犬法施行規則第9条関係）介助犬・聴導犬の認定証

動物医療関連法規 各論

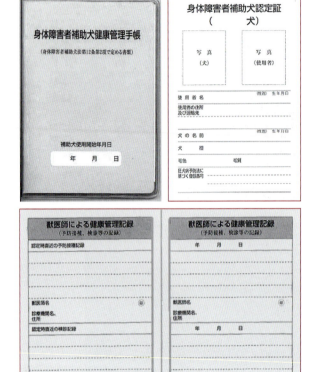

図3-4　身体障害者補助犬健康管理手帳

■ 身体障害者補助犬法が施行されるまで

身体障害者補助犬法は2002年に施行されたが、それ以前は盲導犬について道路交通法の中に記載があるものの、アクセスの保障については通達レベルでしかなく、介助犬や聴導犬に至っては法律の規定は全くなかった。

道路交通法の中の盲導犬

1978（昭和53）年、道路交通法の改正を機に、盲導犬に関する規定が含まれるようになった。同法第14条では「目が見えない者は、政令で定める杖を携え、又は政令で定める盲導犬を連れていなければならない」とされ、目の見えない人は道路を歩くときには政令で定める杖（白杖）か盲導犬を同伴しなければならないと規定されたのである。また、同施行令第8条では「盲導犬は国家公安委員会が指定した訓練施設において訓練を受けたもので、盲導犬として認定された後、道路交通法で定められた白色あるいは黄色のハーネス（胴輪）をつけて使用者に同伴する」と規定されている。つまり補助犬法以前は、盲導犬については道路交通法に記載があるものの、公道を歩くことができるという以外は、アクセスの保障等については全く規定がなく、ペットと同じ取り扱いであった。

前述したように補助犬法施行後も、盲導犬は補助犬法附則第2条の経過措置に書かれているとおり、「当分の間、第5章（身体障害者補助犬に関する認定等）の規定は適用しない」とある。つまり盲導犬の認定は、現状では補助犬法ではなく、補助犬法施行前と同様に道路交通法の施行令第8条により、「政令で定める盲導犬は盲導犬の訓練を目的とする民法第34条の規定により設立された法人又は社会福祉法第31条第1項の規定により設立された社会福祉法人で、かつ国家公安委員会が指定したものが盲導犬として必要な訓練を受けていると認めた犬（中略）」とされている。

施行前の通達等

盲導犬に対する補助犬法施行前のアクセスについての保障は法律レベルではなく、航空会社等による企業ベース、あるいは各省庁が行う通達レベルのものであった（表3-5）。各省庁の通達によって社会への受け入れは広がってはいったが、法的な拘束力をもつものではないため、ほかの客からの苦情や衛生面に不安がある等を理由に乗車拒否や盲導犬同伴を拒否されるケースは少なくなかった。補助犬法が施行され、前述のように公共交通機関や公共施設等に対するアクセスが保障されたが、未だに補助犬の同伴拒否事例は後を絶たず、さらなる周知が必要であろう。

■ 獣医療従事者と身体障害者補助犬法

身体障害者補助犬法では、補助犬に関する獣医

表3-5　補助犬法施行以前の盲導犬のアクセス保障

1973年 （昭和48年）	旅客営業取扱基準規定を一部改正し、国鉄において全国的に盲導犬同伴の乗車を認める。
＜通達＞	
1973年 （昭和48年）	建設省（当時）通達「身体障害者の入居に係る公営住宅の管理について」
1978年 （昭和53年）	運輸省（当時）通達「盲導犬をつれた盲人の乗合バス乗車について」→口輪装着義務。1986年（昭和61年）に「乗合バス乗車については口輪は必要ない」と通達した。
1980年 （昭和55年）	環境庁（当時）通達「国民宿舎等休養施設の管理運営について」
1981年 （昭和56年）	厚生省（当時）通達「旅館、飲食店等の環境衛生関係営業について」
1991年 （平成3年）	運輸省（当時）通達「身体障害者のホテル・旅館等の利用について」
＜民間＞	
1966年 （昭和41年）	日本航空が初めて盲導犬使用者を乗せたが、口輪の装着を義務づけた。
1981年 （昭和56年）	航空各社が口輪装着を「義務」から「原則」へ緩和した。
1984年 （昭和59年）	航空各社は口輪装着は必要ないとした。

師の役割が条文に明記されている。補助犬法に記載されている獣医師の役割は次の2点である。

公衆衛生上でのかかわり

　前述のとおり、法律で社会参加する権利を得た補助犬は、同時に人間社会の中で感染症や衛生問題等、公衆衛生上の問題を引き起こさないようにしなければならないことが法律上で規定された（法第6章第21条～第22条）。さらに、補助犬が公衆衛生上の危害を生じさせるおそれがないことを明らかにするために、厚生労働省令で定める書類を所持し、関係者の請求があるときにはこれを提示しなければならない（法第4章第12条第2項）とされた。これらに関する専門的な指針として、「身体障害者補助犬の衛生確保のための健康管

理ガイドライン」と補助犬使用者が携帯する「身体障害者補助犬健康管理手帳」が作成された。獣医師は、補助犬に対して糞便検査等の検診や予防接種を実施したときには、この手帳にその結果を記載するとともに、実施した診療機関等の名称と、実施した獣医師の署名又は記名押印を行う義務がある。

　「身体障害者補助犬の衛生確保のための健康管理ガイドライン」では、補助犬は身体検査、糞便検査、尿検査、血液検査等の定期検診を年1回以上受けることとなっている。この中で獣医師は適切な健康管理がなされていることを確認し、課題や問題がある場合はその解決法を使用者に適切に指導する。また、行動管理や衛生管理ができているかどうか等についても配慮して診察を行う。たとえば耳が汚い、体臭や口臭が強い、ブラッシングが十分でない、というような点についても、使用者本人は気がついていない場合もあるため、獣医療従事者は専門家として指摘を行い、定期検診はこれらを改善に導く重要な機会となることを念頭におきながら診療を行う。

　わが国は国民の衛生に関する意識が著しく高いため、ほとんどの補助犬使用者は犬の衛生管理に大変気を配っている。使用者のほとんどは、毎日ブラッシングをし、抜け毛が最小限になるよう配慮しているが、盲導犬使用者はブラッシング後の状況を視認できないため、ブラッシングが不十分であることがある。また、介助犬使用者で手が不自由である場合は、しっかりとブラッシングができないこともある。これは耳掃除や爪切りについても同様である。

介助犬・聴導犬における認定でのかかわり

　認定とは介助犬・聴導犬の訓練のいわば卒業試験であり、認定指定法人が書類審査と実地検証として基本動作、介助・聴導動作を確認するわけであるが、審査委員の一人として獣医師がかかわることが、補助犬法施行規則第8条～第9条に規定

されている。認定のための書類審査及び実地検証
という横断的判断を行う役割を課せられている審
査委員である獣医師は、これまで育成の過程で評
価を続けてきた訓練者及び専門職（訓練事業者が
訓練時に連携をとる獣医師を含む）の評価を総合
的に審査し、認定を行う。つまり、その補助犬と
使用者が人に迷惑をかけずに社会参加する能力を
有しているか、すなわち使用者となる障害者が適
切な衛生管理・行動管理を責任もって行うことが
でき、交通機関や店舗等の利用が安心して行われ
るか否かを検証しなければならない。

　獣医師の役割としては、避妊・去勢手術の証明
書、健康診断書を実地検証前に確認し、問題があ
れば訓練事業者あるいは訓練事業者と連携をとる
獣医師からさらなる情報を収集する。特に介助犬
に最も頻繁に用いられるレトリーバー種は、股関
節や肘・膝関節等の関節評価が重要になるが、適
切な評価ができないX線写真等であった場合に
は、再評価を求めることもあり得る。

　盲導犬については、現状では補助犬法ではな
く、補助犬法施行前と同様に道路交通法の施行令
第8条により、「政令で定める盲導犬は盲導犬の訓
練を目的とする民法第34条の規定により設立さ
れた法人又は社会福祉法第31条第1項の規定に
より設立された社会福祉法人で、かつ国家公安委
員会が指定したものが盲導犬として必要な訓練を
受けていると認めた犬（中略）」とされているた
め、介助犬・聴導犬のように認定について獣医師
がかかわることが法律上では定められていない。
つまり、盲導犬の認定における獣医学的な評価
は、各々の訓練施設が自主的な努力で行っている
といえる。しかし、補助犬法施行規則第1条（盲
導犬の訓練基準）では、訓練計画や評価について
獣医師と連携すべきであると規定されており、さ
らに身体障害者更生援護施設の設備及び運営に関
する基準（厚生省令第54号）第8章には、盲導犬
訓練施設に置くべき必要な職員として獣医師が挙
げられている。

　以上のように、獣医師及び獣医療従事者は補助
犬法等により補助犬に対する役割が明記されてい
る。

■ おわりに

　身体障害者補助犬法は、補助"犬"の法律では
あるが、主体は補助犬を使用する身体障害者であ
り、法第1条の目的にあるように『身体障害者の
自立及び社会参加の促進に寄与すること』を目的
として、より安全で適切な補助犬を育成し、公共
交通機関や公共施設へのアクセスの保障について
定めた法律である。もちろん補助犬は「動物の愛
護及び管理に関する法律」の『家庭動物等』にも
該当し、動物愛護管理法の対象となるので、使用
者と補助犬の育成等にかかわる団体は動物愛護管
理法に規定されている飼い主の責務規定及び飼養
保管基準を遵守しなければならないし、虐待又は
遺棄等の動物愛護に反する行為がなされた場合は
罰則が適用されることになる。

　また「動物の愛護及び管理に関する法律」では
2013年の改正によって、第二種動物取扱業が新設
された。第二種動物取扱業とは、「営利を目的とし
ない動物の取り扱いのうち、飼養施設を有して一
定数の動物の飼養を行う場合」とされ、届出の対
象を譲渡し業、保管業、貸出し業、訓練業、展示
業と分類した。補助犬育成事業者はこれらのうち
の「保管業、貸出し業、訓練業」にあたるとされ、
都道府県等への届出が義務づけられた。第二種動
物取扱業者は、飼養する動物の適正な飼養を確保
するため、飼養施設に必要な設備を設けるととも
に、逸走の防止、清潔な飼養環境の確保、騒音等
の防止等が義務づけられ、不適切な場合は都道府
県等からの勧告・命令の対象になる。

　以上のように、補助犬は当該法律だけでなく、
動物愛護管理法にもかかわる存在であることを忘
れてはならない。

4. その他の関連する法律

■ と畜場法

法の目的

　と畜場法（昭和28年8月1日法律第114号、以下「法」という）は、と畜場の経営や、食用に供するために行う獣畜の処理の適正の確保のため、公衆衛生の見地から必要な規制その他の措置を講じ、もって国民の健康の保護を図ることを目的とする（法第1条）。

法の構成

　法は、と畜場の設置の許可（第4条、第5条）や衛生管理等（第6条、第7条）、と畜業者等の講ずべき衛生措置等（第9条、第10条）、獣畜のと殺又は解体（第13条）、獣畜のと殺又は解体の検査（第14条）、譲受の禁止（第15条）、と殺解体の禁止等（第16条）、と畜検査員（第19条）、罰則（第24条〜第27条）等について規定している。

法の概要

・「と畜場」「獣畜」の定義

　法の対象となる「と畜場」とは、食用に供する目的で獣畜をと殺又は解体するための施設をいう（法第3条第2項）。食用にしない獣畜を処理する施設は「化製場」といい、「化製場等に関する法律（昭和23年7月12日法律第140号）」で規制される。

　法の対象となる「獣畜」とは、牛、馬、豚、めん羊、山羊を指す（同条第1項）。したがって、これらの家畜を食用にする場合は、と畜場でと殺し、と畜場法で規定されたと畜検査を受けなければならない。これらの獣畜以外の動物を食用に供するため処理する場合は、と畜場法ではなく、食品衛生法による規制を受ける。

・と畜検査

　と畜場において食用に供する目的で獣畜をと殺、解体する場合は、都道府県知事の行うと畜検査を受けなければならない（法第14条）。と畜検査は搬入された獣畜の生体検査、解体前検査、解体後検査の3段階があり、すべて1頭ごとの検査である。すべての検査に合格したものは所定の場所に検印が押され、食用として食肉処理場からの搬出が許可される。

　異常があった場合、と殺禁止、解体禁止、全部廃棄あるいは部分廃棄の措置がとられ、獣畜の隔離、施設や器具等の消毒、廃棄する部分の焼却等が行われる。生体検査において家畜伝染病予防法に規定する法定伝染病や届出伝染病が発見された場合、家畜保健衛生所に通報して家畜防疫の対応を行う。

　と畜検査は、都道府県の職員の中から都道府県知事に任命されたと畜検査員が実施する（法第19条第1項）。と畜検査員は獣医師でなければならない（と畜場法施行令第10条）。

■ 食鳥処理の事業の規制及び食鳥検査に関する法律（食鳥検査法）

法の目的

　食鳥検査法（平成2年6月29日法律第70号、以下「法」という）は、食鳥処理の事業について公衆衛生の見地から必要な規制その他の措置を講ずるとともに、食鳥検査の制度を設けることにより、食鳥肉等に起因する衛生上の危害の発生を防止し、もって国民の健康の保護を図ることを目的とする（法第1条）。

法の構成

　法は、「第1章 総則（第1条〜第2条）」、「第2章 食鳥処理の事業の許可等（第3条〜第10

条)」、「第3章 食鳥処理業者の遵守事項（第11条
〜第14条)」、「第4章 食鳥検査等（第15条〜第
20条)」、「第5章 指定検査機関（第21条〜第35
条)」、「第6章 雑則（第36条〜44条)」、「第7章
罰則（第45条〜50条)」、及び附則から構成され
る。

法の概要

・「食鳥処理」「食鳥処理場」「食鳥」の定義

　本法の対象となる「食鳥」とは、鶏、あひる、
七面鳥その他一般に食用に供する家きんであって
政令で定めるものをいう（法第2条第1項第1
号）。「食鳥処理」とは、食鳥をと殺し、及びその
羽毛を除去することと、食鳥とたいの内臓を摘出
することをいう（同項第5号）。本法の規制を受け
る「食鳥処理場」とは、食鳥処理を行うための施
設をいう（同項第6号）。

・食鳥検査

　食鳥処理業者は、食鳥を処理する場合は、都道
府県知事が行う食鳥検査を受けなければならない
（法第15条）。食鳥検査は生体検査、脱羽後検査、
内臓摘出後検査の3段階があり、各段階の検査で
異常があった場合、と殺禁止、内臓摘出禁止、全
部廃棄、一部廃棄等の措置が講じられる。食鳥検
査は獣医師の資格をもつ食鳥検査員が実施する

（法第39条、食鳥検査法施行令第25条）。何人も、
食鳥検査に合格した後又は厚生労働省令で定める
基準に適合する旨の確認がされた後でなければ、
食鳥肉等を食鳥処理場の外に持ち出してはならな
い（法第17条）。

■ 食品衛生法

法の概要

　食品衛生法（昭和22年12月24日法律第233
号、以下「法」という）は、食品の安全性の確保
のために公衆衛生の見地から必要な規制その他の
措置を講ずることにより、飲食に起因する衛生上
の危害の発生を防止し、もつて国民の健康の保護
を図ることを目的とする（法第1条）。全11章か
ら構成され、「第2章 食品及び添加物」において
は、人の健康を損なうおそれのある食品や食品添
加物の販売等の禁止（法第6条）、と畜場法や食鳥
検査法等に掲げる疾病等にかかった獣畜や家きん
の肉等を食品として販売すること等の禁止（法第
9条）、厚生労働大臣の指定を受けていない食品添
加物の使用等の禁止（法第10条）、食品や添加物
の規格基準（法第11条）、農薬・飼料添加物・動
物用医薬品の残留規制（法第11条3項）等につい
て定められている。その他、「第3章 器具及び容
器包装」、「第4章 表示及び広告」、「第7章 検査」、
「第9章 営業」、「第11章 罰則」等の定めがある。

参考図書

1. 高柳哲也 編（2002）：介助犬を知る−肢体不自由者の自立のために−，名古屋大学出版会，名古屋.
2. 介助犬アカデミー 監修（2004）：よくわかる補助犬同伴受け入れマニュアル−盲導犬・聴導犬・介助犬−，中央法規出版，東京.
3. 青木人志（2009）：日本の動物法，東京大学出版会，東京.
4. 池本卯典 他 監修（2013）：獣医事法規，緑書房，東京.
5. 獣医公衆衛生学教育研修協議会 編（2014）：獣医公衆衛生学Ⅰ，文永堂出版，東京.
6. 厚生労働省ホームページ http://www.mhlw.go.jp/

第3章　公衆衛生行政法規　演習問題

問1 感染症の患者に対する医療に関する法律において定められる動物取扱業者に該当しないものはどれか？

① 動物等の医療に関係する者

② 動物等の輸入をする者

③ 動物等の貸出しをする者

④ 動物等の展示を行う者

⑤ 動物等の販売を行う者

問2 「感染症法」に基づき、感染症を人に感染させるおそれが高いものとして、原則として輸入してはならない動物を指定動物というが、それに含まれないものはどれか？

① コウモリ

② タヌキ

③ サル

④ ハクビシン

⑤ アライグマ

問3 「狂犬病予防法」に規定する犬の飼い主の義務に関する記述で、正しいものはどれか？

① 現在居住している都道府県に飼い犬の登録をしなければならない。

② 飼い犬の登録は犬を取得した日から10日以内に行う。

③ 飼い犬に狂犬病予防注射を、2年に1回受けさせなければならない。

④ マイクロチップを装着しておけば、鑑札を犬に着けておかなくてもよい。

⑤ 犬の登録や狂犬病予防注射の接種を怠った場合の罰則がある。

問4 身体障害者補助犬（以下、補助犬）の社会への受け入れ（アクセス保障）についての説明として、正しいものはどれか？

① 補助犬と認定された犬は、使用者以外の者に同伴された場合も公共の場へのアクセスが保障されている。

② チェーン展開する飲食店の受け入れ義務はあるが、個人経営の飲食店の場合は受け入れ努力義務にとどまっている。

③ 補助犬の訓練犬についても、アクセスの保障は保障されている。

④ 総合病院だけではなく、個人医院の場合も、身体障害者補助犬の受け入れは義務づけられている。

⑤ 補助犬の受け入れが義務づけられた施設においては、何事があっても受け入れを拒否することはできない。

動物医療関連法規 各論

解　答

問1　正解 ① 動物等の医療に関係する者

動物の医療に関係する者は、「獣医師その他の獣医療関係者」に含まれる。その責務は動物取扱業者と異なり、「感染症の予防に関し国及び地方公共団体が講ずる施策に協力するとともに、その予防に寄与するよう努めなければならない」と定められている。一方、動物取扱業者は、「動物又はその死体の輸入、保管、貸出し、販売、又は不特定かつ多数の者が入場する施設等又は場所（遊園地、動物園、博覧会の会場等）における展示を業として行う者」とされ、当該動物又はその死体が「感染症を人に感染させることがないように、感染症の予防に関する知識及び技術の習得、動物又はその死体の適切な管理その他の必要な措置を講ずるよう努めなければならない」とされている。

問2　正解 ⑤ アライグマ

感染症を人に感染させるおそれが高いものとして政令で定める動物（指定動物）で、厚生労働省令及び農林水産省令で定める地域から発送されたもの（及びその地域を経由したもの）は、原則として輸入してはならず、イタチアナグマ、コウモリ、サル、タヌキ、ハクビシン、プレーリードッグ、ヤワゲネズミが該当する。なお、アライグマは、狂犬病予防法の第2条第1項第2号の政令で定める動物に含まれ、同法律によって規制されている。

問3　正解 ⑤ 犬の登録や狂犬病予防注射の接種を怠った場合の罰則がある。

飼育犬の登録は、犬を取得した日から30日以内に市区町村長に申請する。狂犬病予防注射は毎年1回の接種が義務である。交付された鑑札と注射済票は、飼い犬に着けておかなければならない。犬の登録や狂犬病予防注射に関する規定に違反すると20万円以下の罰金に処せられる。

問4　正解 ④ 総合病院だけではなく、個人医院の場合も、身体障害者補助犬の受け入れは義務づけられている。

不特定多数が利用する病院は経営形態、診療科等の如何にかかわらず、受け入れ義務が課されている。同伴が権利として認められている補助犬は身体障害者個人のために訓練された補助犬であり、使用者以外の者に同伴された場合、受け入れ義務は生じない。不特定多数が利用する飲食店は、経営形態の如何にかかわらず、受け入れ義務が課されている。法律によって公共の場にアクセスが保障されているのは認定された補助犬であり、その訓練犬は含まれない。法律では「著しい損害を受けるおそれがある場合や、そのほかのやむを得ない理由がある場合は受け入れ拒否ができる」としている。

第4章
薬事行政法規

一般目標

薬事行政法規のうち、動物看護業務に関連する法規について、その種類と概要を理解する。

到達目標

1）医薬品、医療機器等の品質、有効性及び安全性の確保等に関する法律について、概要を説明できる。
2）麻薬及び向精神薬取締法について、概要を説明できる。
3）覚せい剤取締法について、概要を説明できる。

キーワード

動物用医薬品・医療機器　医薬品販売業の許可　毒薬・劇薬　要指示医薬品　動物用医薬品の使用の規制　麻薬　向精神薬

1. 医薬品、医療機器等の品質、有効性及び安全性の確保等に関する法律（医薬品医療機器等法）

これまで「薬事法」（昭和35年8月10日制定法律第145号）と呼ばれていた法律は、平成25年11月「医薬品、医療機器等の品質、有効性及び安全性の確保等に関する法律」と題名を変え、医療機器や再生医療等製品の特性を踏まえた規制を加える改正法が公布され、平成26年11月25日に施行された。

■ 法の目的

この法律の目的は、①医薬品、医薬部外品、化粧品、医療機器及び再生医療等製品の品質、有効性及び安全性の確保のための必要な規制を行い、②指定薬物の規制に関する措置を講じ、③医療上特に必要性が高い医薬品、医療機器及び再生医療等製品の研究開発の促進のために必要な措置を講ずることにより、保健衛生の向上を図ることである（法第1条）。

なお、本法は、主に人用の医薬品等を規制するために制定されているので、条文上は「厚生労働大臣」や「厚生労働省令」と記載されているが、もっぱら動物に使用する医薬品等に関しては、法第83条に読み替え規定があり、それぞれ「農林水産大臣」、「農林水産省令」と読み替えることになっている。また、動物には化粧品という概念はない。

67

動物医療関連法規 各論

■ 定義

医薬品

医薬品とは、①日本薬局方に収載されているもの、②人又は動物の疾病の診断、治療、予防に使用するものであって、機械器具でないもの、③人又は動物の身体の構造又は機能に影響を及ぼすものであって、機械器具でないものと定義されている（法第2条第1項）。

医薬部外品

医薬部外品とは、以下のために使用されるものであって、人体に対する作用が緩和なものをいう。①吐き気やその他の不快感又は口臭若しくは体臭の防止、②あせも、ただれ等の防止、③脱毛の防止、育毛、又は除毛、④人又は動物の保健のためにする、ネズミ、ハエ、蚊、ノミ、その他これらに類する生物の防除（法第2条第2項）。なお、医薬部外品は、日本独特のもので、欧米にはこのような概念はない。

医療機器

医療機器とは、①人又は動物の疾病の診断、治療、予防に使用されること、②人又は動物の身体の構造又は機能に影響を及ぼすことが目的とされている機械器具であって、政令で定めるものをいう（法第2条第4項）。それらを管理する程度により「高度管理医療機器」、「管理医療機器」及び「一般医療機器」に分類されている。具体的には農林水産省告示で、高度管理医療機器としては人工心臓弁やペースメーカーが、管理医療機器としてはX線装置、超音波画像診断装置、自動連続注射器等が、一般医療機器としては手術台、聴診器、体温計等が指定されている。

再生医療等製品

再生医療等製品とは、①人又は動物の身体の構造又は機能の再建、修復又は形成、あるいは人又は動物の疾病の治療又は予防に使用されることが目的とされるもののうち、人又は動物の細胞に培養その他の加工を施したもの、②人又は動物の疾病の治療に使用されることが目的とされているもののうち、人又は動物の細胞に導入され、これらの体内で発現する遺伝子を含有させたものであって、政令で定めるものをいう（法第2条第9項）。政令では①の例として動物体細胞、動物体性幹細胞、動物胚性幹細胞、動物人工多能性幹細胞加工製品が、②の例としてプラスミドベクター、ウイルスベクター、遺伝子発現治療製品が挙げられている。

体外診断用医薬品

体外診断用医薬品とは、もっぱら疾病の診断に使用されることが目的とされている医薬品のうち、人又は動物の身体に直接使用されることのないものをいう（法第2条第14項）。

薬局

薬局とは、薬剤師が販売又は授与の目的で調剤の業務を行う場所をいう。ただし、病院、診療所、飼育動物診療施設の調剤所は除く（法第2条第12項）。

指定薬物

指定薬物とは、中枢神経系の興奮若しくは抑制又は幻覚の作用を有する蓋然性が高く、かつ、人の身体に使用された場合に保健衛生上の危害が発生するおそれがあるものとして大臣が指定したものをいう（法第2条第15項）。

■ 医薬品を製造販売するためには

医薬品は、人や動物に強く作用し、場合によってはそれらの生命を奪うこともあり、誰でも製造販売できるようなものではなく、医薬品医療機器等法上、大臣の許可や承認を受けた者でなければ製造販売をしてはならないと規制されている。医

薬品を製造販売するためには、①法第12条の製造販売業の許可、②法第14条の製造販売の承認及び③法第13条の製造業の許可が必要である。③は、医薬品を製造する工場（製造所）の許可であり、工場をもたない者は製造を他社に委託することができる。

なお、「製造販売業」という言葉は、後述する「販売業」とは異なるので注意を要する。

■ 医薬品の製造販売の承認

品目ごとの承認

医薬品の製造販売をしようとする者は、品目ごとにその製造販売についての大臣の承認を受けなければならない（法第14条第1項）。なお、外国の製薬会社が直接申請し、承認をとることもできる（法第19条の2）。

承認には拒否事由があり、次のいずれかに該当するときは承認しないことになっている（法第14条第2項）。

(1) 製造販売業の許可を受けていないとき。

(2) 製造所の許可を受けていないとき。

(3) 当該品目が、①効能、効果、性能がない、②有害な作用を有し利用価値がない、③性状又は品質が保健衛生上著しく不適な場合、のいずれかに該当するとき。

(4) 製造所における製造管理又は品質管理の方法が省令で定める基準（Good Manufacturing Practice：GMP）に適合していないとき。

上記 (3) の②には読み替え規定があり、動物用医薬品が使用された動物の体内に残留し、対象動物の肉、乳その他の食用に供される生産物で人の健康を損なうものが生産されるおそれがあることにより医薬品としての価値がないと認められるときは、承認されないことになっている。

承認申請書に添付する試験資料

承認を受けようとする者は、申請書に臨床試験の試験成績に関する資料、その他の資料を添付して申請しなければならない（法第14条第3項）。具体的な試験資料は、規則第26条や局長通知で示されている。原則として、①起源又は発見の経緯、外国での使用状況等、②物理的・化学的・生物学的性質、規格、試験方法等、③製造方法、④安定性、⑤毒性及び安全性、⑥薬理作用、⑦吸収、分布、代謝及び排泄、⑧臨床試験の試験成績、⑨残留性、となっている。なお、⑨の残留性に関する資料は、食用に供される動物の場合に必要な資料で、犬・猫等の愛がん動物では不要である。また、ワクチンについては、安全性を除く⑤、⑦及び⑨に関する資料は不要である。

承認申請資料の信頼性の基準

上述した①から⑨の試験資料は、正確に作成し、品質、有効性、安全性を疑う成績等も記載しなければならないとされている（規則第29条第1項：一般基準）。

牛、馬、豚、鶏、うずら、密蜂、食用に供する養殖水産動物、犬又は猫に使用する医薬品では、「動物用医薬品の安全性に関する非臨床試験の実施の基準に関する省令」（Good Laboratory Practice：GLP）に従って収集・作成しなければならない（規則第29条第2項）。また、牛、馬、豚、鶏、犬又は猫に使用する医薬品では、「動物用医薬品の臨床試験の実施の基準に関する省令」（Good Clinical Practice：GCP）に従って収集・作成しなければならない（規則第29条第3項）。ただし、GLPは上述試験資料のうち⑤及び⑨に、GCPは⑧にのみ適用されている。

承認審査

製造販売業者から申請された書類は、農林水産省動物医薬品検査所で事務局審査がなされ、学識経験者からなる薬事・食品衛生審議会で審査される。本審議会は、調査会、部会、薬事分科会と三段階からなり、慎重に審査される。これらの審議

第4章 薬事行政法規

69

以外に、食品安全委員会への食品健康影響評価に関する意見の聴取や厚生労働大臣への残留性の程度にかかわる意見の聴取が行われる。

再審査と再評価

新医薬品等は、膨大な添付資料をもとに事務局及び審議会で慎重に審査されて承認されるが、特に臨床試験成績は根拠となる症例の数が限定的なものであり、承認後、多数の症例で使用された場合、これまで発見されなかった副作用や有効性についての疑義が生じることがある。そこで、原則として承認後6年間、安全性や有効性に関する使用成績等の調査を行わせ、再度審議する制度が取り入れられている（法第14条の4）。

いったん承認あるいは再審査されたものであっても、時代の経過や科学の進歩に即応し、絶えず見直しをすることが重要である。このため、最新の科学的知見等をもとに医薬品等を再評価する制度が取り入れられている（法第14条の6）。

■ 医療機器又は体外診断用医薬品を製造販売するためには

医療機器又は体外診断用医薬品の製造販売は、前項で述べた医薬品と基本的には同様である。すなわち、①法第23条の2の製造販売業の許可、②法第23条の2の5の製造販売の承認及び③法第23条の2の3の製造業の登録が必要である。製造業が登録制になっている点が医薬品と異なる。

■ 再生医療等製品を製造販売するためには

再生医療等製品の製造販売も、前述した医薬品と基本的には同様で、①法第23条の20の製造販売業の許可、②法第23条の25の製造販売の承認及び③法第23条の22の製造業の許可が必要である。

製造販売の承認については以下のような条件及び期限付承認（法第23条の26）があり、再生医

療等製品が臨床現場へ提供しやすい制度となっている。すなわち、当該製品が、①均質でなく、②効能効果があると推定され、かつ、③著しく有害な作用がなく、利用価値がある場合には7年を超えない範囲で承認される。この期間内に効能効果及び安全性について証明できなければ承認がなくなる。

■ 医薬品の販売業

医薬品の販売業の許可

薬局開設者又は医薬品の販売業の許可を受けた者でなければ、業として、医薬品を販売し、授与し、又は販売・授与の目的で貯蔵・陳列してはならない（法第24条）。「業」とは、不特定多数の人に、繰り返し販売することである。したがって、特定のAさんに1回限り売る行為は、業とはならない。しかし、Bさんにも売ると、業に当たるので、注意しなければならない。また、販売には金銭の授受を伴うが、無償で手渡した場合は「授与」となり、本条に抵触することとなる。

医薬品の販売業としては、①店舗販売業、②配置販売業、③卸売販売業の3種類があり（法第25条）、都道府県知事が許可することになっている。

店舗販売業

店舗販売業の許可があれば、一般用医薬品（人体に対する作用が著しくなく、需要者の選択により使用されるもの）及び要指導医薬品（薬剤師が対面で情報提供や指導するもの）を店舗で販売・授与することができる。なお、「一般用医薬品」及び「要指導医薬品」は人用医薬品における概念で、動物用医薬品については法第83条の規定で「医薬品」と読み替えることになっている。

店舗販売では、農林水産大臣の指定する医薬品（指定医薬品）については薬剤師が販売又は授与しなければならず、指定医薬品以外の医薬品については、薬剤師又は登録販売者が販売又は授与できる。登録販売者とは、法第36条の4第1項に規

定する都道府県知事の試験に合格した者であって、同条第2項の登録を受けた者をいう。

「指定医薬品」は、規則第115条の2で規定され、毒薬、劇薬、抗生物質製剤、合成抗菌剤、ホルモン製剤等が指定されている。

なお、いわゆるネット販売については「特定販売」と称することになり、正式に認められることになったが、一定のルールに従わなければならないので注意を要する。

配置販売業

経年変化が起こりにくい一般医薬品を配置により販売・授与するもので、動物用医薬品については品目も限定されており、人用医薬品の販売業と異なり、配置販売業による販売はごく一部に限られている。

卸売販売業

卸売販売業とは、医薬品を薬局開設者、製造販売業者、製造業者、販売業者、病院・飼育動物診療施設の開設者に販売・授与する業種である。

動物用医薬品特例店舗販売業

動物用医薬品の販売に関する特例で、薬局や販売業が近くにない等を勘案し、指定医薬品以外の医薬品について品目を指定して都道府県知事が許可を与えることができる（法第83条の2の2）。動物用医薬品特例店舗販売業では薬剤師又は登録販売者を置かなくとも販売することができる。

■ 医薬品等の基準と検定

日本薬局方

日本薬局方とは、医薬品の性状及び品質の適正を図るため、厚生労働大臣が薬事・食品衛生審議会の意見を聴いて定めた医薬品の規格基準書である（法第41条）。日本で汎用されている医薬品が収載されている。

基準

保健衛生上特別の注意を要する医薬品について、その製法、性状、品質、貯法等に関して必要な基準をつくることができ（法第42条）、動物用医薬品では動物用生物学的製剤基準、動物用抗生物質医薬品基準等があり、動物医薬品検査所のホームページ（http://www.maff.go.jp/nval/）で閲覧することができる。

検定

大臣の指定する医薬品は、検定を受け合格したものでなければ、販売することができないとされ（法第43条）、特定のワクチンや診断薬について動物用生物学的製剤検定基準により動物医薬品検査所で検定が行われている。

■ 医薬品等の取り扱い

毒薬と劇薬

毒薬及び劇薬は、効果が期待される摂取量と中毒のおそれがある摂取量が接近し、安全域が狭いため、その取り扱いに注意を要する医薬品である。医薬品のうち、毒性が強いものは毒薬に、劇性が強いものは劇薬に指定されている（法第44条）。毒薬は、その容器に黒地に白枠を付け、その品名と「毒」の文字を白字で記載し、劇薬は、その容器に白地に赤枠を付け、その品名と「劇」の文字を赤字で記載することになっている。一般の人が毒・劇薬を購入する場合は、品名、数量、使用目的、購入年月日、購入者の氏名・住所・職業を記入し、署名又は捺印しなければならない（法第46条）。また、毒・劇薬は、14歳未満の者、その他安全な取り扱いをすることについて不安がある者には、交付してはならない（法第47条）。業務上、毒薬又は劇薬を取り扱う者は、他の物と区別して貯蔵しなければならず、毒薬を貯蔵する場所には鍵をかけなければならない（法第48条）ので注意が必要である。毒・劇薬は、規則第164条で規定され、具体的には規則の別表第2に掲げる

第4章 薬事行政法規

もの、及び薬事法施行規則別表第3に掲げられているもので、もっぱら動物に使用するものとされている。劇薬の例としては、ワクチン、イベルメクチン製剤、インターフェロン製剤、チルミコシン製剤、メデトミジン製剤等がある。

要指示医薬品

動物用医薬品のうち、副作用が強い医薬品や、病原菌に耐性を生じやすいような医薬品を要指示医薬品として農林水産大臣が指定し、その使用の適正を図るために獣医師からの処方せんの交付又は指示を受けた者以外に販売・授与してはならないとされている（法第49条）。要指示医薬品は、規則別表第3に掲げられている。ここで注意しなければならないことは、使用する対象動物が決まっていることである。すなわち、牛、馬、めん羊、山羊、豚、犬、猫又は鶏に使用することを目的とするものが指定されている。要指示医薬品の例としては、ワクチン（鶏痘ワクチンを除く）、抗生物質、合成抗菌剤、ホルモン、インターフェロン等である。

指定薬物

指定薬物は、医療等の用途以外の用途に供するために製造、輸入、販売、授与、所持、購入、譲り受けをしてはならず、医療等の用途以外の用途に使用してはならない（法第76条の4）。本条に違反して、業として指定薬物を製造、輸入、販売、授与した者又は指定薬物を所持した者（販売又は授与の目的で貯蔵又は陳列した者に限る）は、5年以下の懲役若しくは500万円以下の罰金が科せられる。

■ 動物用医薬品の使用の規制

動物用医薬品の使用の規制

動物用医薬品は、犬や猫等の愛がん動物のほか、肉、乳、卵等の生産物が人の食用に供される動物に対しても使用される。これらの家畜又は養殖魚に動物用医薬品を投与すると、その体内に残留するおそれがある。そこで、農林水産大臣は、肉、乳、卵等に動物用医薬品が残留しないように動物用医薬品の使用者が遵守すべき基準を定めている（法第83条の4第1項）。これが昭和55年に制定された「動物用医薬品の使用の規制に関する省令」である。しかし、人体用医薬品も動物に使用されることがあるため、平成24年に省名を改正し、「動物用医薬品及び医薬品の使用の規制に関する省令」（以下「使用規制省令」）とされた。

遵守すべき基準が定められた動物用医薬品又は医薬品の使用者は、当該基準に定めるところにより使用しなければならない。ただし、獣医師がその診療に係る対象動物の疾病の治療又は予防のため止むを得ないと判断した場合において、農林水産省令で定めるところにより使用するときは、この限りでない（法第83条の4第2項）とされている。

使用規制省令

使用規制省令では、「対象動物」とは医薬品医療機器等法に規定する対象動物、すなわち、①牛、馬及び豚、②鶏及びうずら、③密蜂及び④食用に供する養殖水産動物と定義されている。具体的な基準は、以下のとおりである。

(1) 動物用医薬品ごとに、使用する対象動物、用法及び用量、使用禁止期間が定められている（表4-1）。

(2) 動物用医薬品であるクロラムフェニコール、ニトロフラゾン及びマラカイトグリーンは、対象動物に使用してはならない。

(3) 医薬品であるクロラムフェニコール、クロルプロマジン及びメトロニダゾールは、対象動物に使用してはならない。

獣医師の使用の特例

獣医師が止むを得ないと判断した場合、基準の用法及び用量を超えて使用できるが、その診療に

表4-1 使用者が遵守すべき基準の別表第 1 の一部

動物用医薬品	動物用医薬品使用対象動物	用法及び用量	使用禁止期間
安息香酸ビゴザマイシンを有効成分とする飼料添加剤	豚	飼料 1t 当たり 50g（力価）以下の量を飼料に混じて経口投与すること	食用に供するためにと殺する前 5 日間
	すずき目魚類	1 日量として体重 1kg 当たり 10mg（力価）以下の量を飼料に混じて経口投与すること	食用に供するために水揚げする前 27 日間
エリスロマイシンを有効成分とする乳房注入剤	牛（泌乳しているものに限る）	1 日量として搾乳後に 1 分房 1 回当たり 300mg（力価）以下の量を注入すること	食用に供するためにと殺する前 5 日間又は食用に供するために搾乳する前 72 時間

係る対象動物の所有者又は管理者に対し、当該対象動物の肉、乳、その他の食用に供される生産物で人の健康を損なうおそれがあるものの生産を防止するために必要とされる出荷制限期間を出荷制限期間指示書により指示しなければならない。この場合、表の使用禁止期間以上の期間を出荷制限期間として指示しなければならないとされている。しかし、その適切な出荷制限期間はどこにも記載されていないことから、指示することは極めて困難である。したがって、獣医師においても、基準に定める用法及び用量を超える動物用医薬品の使用は行わない方が賢明と思われる。

使用禁止期間と休薬期間

畜水産物に残留し、人の健康を損なう動物用医薬品（一般薬、抗菌性物質）は、残留試験を実施し、休薬期間を求めなければならない。休薬期間とは、当該動物用医薬品投与後、各臓器（乳や卵も）から当該動物用医薬品が消失するまで期間、又は人の健康を損なわない濃度までに減少するまでの期間をいう。使用規制省令では、この休薬期間を使用禁止期間として定めている。使用規制省令に定められていない動物用医薬品は、使用上の注意に「本剤投与後、下記の期間は食用に供する目的で出荷等を行わないこと　牛：○○日間」と記載することになっている。

一方、アジュバントを含むワクチンでは、アジュバントが消失するまでの期間を使用制限期間と呼び、ワクチン投与後その期間は出荷できないことになっており、その旨、使用上の注意に記載されている。

動物用医薬品を家畜等に使用した場合、使用禁止期間を守って出荷しなければならないが、もし、誤って使用禁止期間内に出荷した場合でも、3年以下の懲役若しくは 300 万円以下の罰金が科せられるので注意しなければならない。

2. その他の関連する法律

■ 麻薬及び向精神薬取締法

麻薬及び向精神薬取締法（昭和 28 年 3 月 17 日法律第 14 号）は、麻薬及び向精神薬の輸入、輸出、製造、製剤、譲渡し等について必要な取り締りを行うとともに、麻薬中毒者について必要な医療を行う等の措置を講ずること等により、麻薬及び向精神薬の濫用による保健衛生上の危害を防止し、もって公共の福祉の増進を図ることを目的とする。本法では、麻薬、あへん、けしがら、麻薬原料植物、家庭麻薬、向精神薬、麻薬向精神薬原料等が定義されており、向精神薬等をはじめとし

動物医療関連法規 各論

て、獣医療において使用される物質が多数含まれる。また、飼育動物診療施設（獣医療法に規定する診療施設や往診診療者等の住所を含む）及び研究所も麻薬業務所として指定されていることから、本法は獣医療領域において周知されるべき法律である。麻薬施用者や麻薬管理者は、都道府県知事の免許を受け、保管、帳簿（必要な事項の記載）、届出等の義務が課される。

■ 覚せい剤取締法

覚せい剤取締法（昭和26年6月30日法律第252号）は、覚せい剤の濫用による保健衛生上の危害を防止するため、覚せい剤及び覚せい剤原料の輸入、輸出、所持、製造、譲渡、譲受及び使用に関して必要な取締を行うことを目的とする。原則として、何人も、覚せい剤原料を所持し、使用してはならない。ただし、飼育動物診療施設（獣医師法に規定する診療施設等）の開設者、獣医療法に規定する獣医師管理者、飼育動物の診療に従

事する獣医師がその業務のために医薬品である覚せい剤原料を所持し（第30条の7）、業務又は研究のために使用することが可能である（第30条の11）。本法で規定される者（獣医師管理者等）等は、覚せい剤原料を指定される場所に保管し、帳簿を備えて必要事項を記入しなければならない。

■ 毒物及び劇物取締法

毒物及び劇物取締法（昭和25年12月28日法律第303号）は、毒物及び劇物について、保健衛生上の見地から必要な取締を行うことを目的とする。毒物及び劇物のいずれも、医薬品及び医薬部外品以外のものが掲げられる。毒物又は劇物を業務上取扱う者は、毒物又は劇物の取扱（第11条）、毒物又は劇物の表示（第12条第1項及び第3項）、事故の際の措置（第16条の2）、立入検査等（第17条第2項～第5項）の規定が準用され、規制の対象となる。

参考図書

1. 公益社団法人日本動物用医薬品協会（2014）：動物用薬事関係法令集，公益社団法人日本動物用医薬品協会，東京.
2. 公益社団法人日本動物用医薬品協会（2014）：動物用医薬品等製造指針，公益社団法人日本動物用医薬品協会，東京.
3. 公益社団法人日本動物用医薬品協会教育研修委員会編（2014）：動物薬関連知識（教育研修マニュアル第11版），公益社団法人日本動物用医薬品協会，東京.

第4章　薬事行政法規　演習問題

問 1 動物用医薬品の製造販売の承認を与える者はどれか？

① 農林水産大臣

② 環境大臣

③ 厚生労働大臣

④ 経済産業大臣

⑤ 都道府県知事

問 2 動物用医薬品の製造販売承認を拒否される事項に該当するものはどれか？

① 製造販売業の許可を受けていること

② 製造所の許可を受けていること

③ 食用に供される生産物中に残留し、人の健康を損なうおそれがある場合

④ 効能・効果が証明されていること

⑤ 安全であることが証明されていること

問 3 毒薬と劇薬に関する記述で、<u>間違っているもの</u>はどれか？

① 医薬品のうち毒性が強いものは毒薬に、劇性が強いものは劇薬に指定されている。

② 毒薬は、その容器に黒地に白枠を付け、その品名と「毒」の文字を白字で記載する。

③ 劇薬は、その容器に白地に赤枠を付け、その品名と「劇」の文字を赤字で記載する。

④ 業務上毒薬又は劇薬を取り扱う者は、ほかのものと区別して貯蔵しなければならない。

⑤ 業務上劇薬を取り扱う者は、劇薬を貯蔵する場所には鍵をかけなければならない。

問 4 要指示医薬品に関する記述で、正しいものはどれか？

① 薬剤師が対面で指導や情報を提供して販売しなければならない医薬品のことである。

② 動物用医薬品特例店舗販売業の許可があれば販売できる医薬品のことである。

③ 予防薬であるワクチンは、要指示医薬品ではない。

④ 獣医師からの処方せんの交付又は指示を受けた者以外に販売・授与してはならない医薬品のことである。

⑤ 休薬期間が決められている医薬品のことである。

問 5 医薬品の販売業に関して、<u>間違っているもの</u>はどれか？

① 医薬品の販売業の許可を受けた者でなければ、業として、医薬品を販売し、授与し、又は販売・授与の目的で貯蔵・陳列してはならない。

② 販売業の許可は、内閣総理大臣が与える。

③ 販売業の許可には、店舗販売業、配置販売業及び卸販売業の3種類がある。

④ 指定医薬品の販売は、薬剤師でなければできない。

⑤ 動物用医薬品の販売には、動物用医薬品特例店舗販売業というカテゴリーがある。

75

動物医療関連法規 各論

解　答

問1 正解 ① 農林水産大臣

人用の医薬品は、厚生労働大臣が承認するが、もっぱら動物に使用する医薬品である動物用医薬品については農林水産大臣が承認する。

問2 正解 ③ 食用に供される生産物中に残留し、人の健康を損なうおそれがある場合

承認拒否事由の一つとして「有害な作用を有し利用価値がない」ことが挙げられている。すなわち、副作用が強く安全でないものや、食用動物に使用する動物用医薬品では、食用に供される生産物中に残留し、人の健康を損なうおそれがあるものは承認されないことになっている。

問3 正解 ⑤ 業務上劇薬を取り扱う者は、劇薬を貯蔵する場所には鍵をかけなければならない。

劇薬を貯蔵する場所には鍵をかける必要がない。毒薬は鍵が必要である。

問4 正解 ④ 獣医師からの処方せんの交付又は指示を受けた者以外に販売・授与してはならない医薬品のことである。

動物用医薬品のうち、副作用が強い医薬品や、病原菌に耐性を生じやすいような医薬品を要指示医薬品として農林水産大臣が指定し、その使用の適正を図るために獣医師からの処方せんの交付又は指示を受けた者以外に販売・授与してはならないことになっている。

問5 正解 ② 販売業の許可は、内閣総理大臣が与える。

販売業の許可は、都道府県知事が与える。

第5章
環境行政関連法規

一般目標

環境行政関連法規のうち、動物看護業務に関連する法規について、その種類と概要を理解する。

到達目標

1) 動物の愛護及び管理に関する法律（動物愛護管理法）について、概要を説明できる。
2) 特定外来生物による生態系等に係る被害の防止に関する法律（外来生物法）について、概要を説明できる。
3) 絶滅のおそれのある野生動植物の種の国際取引に関する条約（ワシントン条約）について、概要を説明できる。
4) 絶滅のおそれのある野生動植物の種の保存に関する法律（種の保存法）について、概要を説明できる。
5) 鳥獣の保護及び狩猟の適正化に関する法律（鳥獣保護法）について、概要を説明できる。
6) 特に水鳥の生息地として国際的に重要な湿地に関する条約（ラムサール条約）について、概要を説明できる。
7) 廃棄物の処理及び清掃に関する法律（廃棄物処理法）について、概要を説明できる。

キーワード

動物の愛護　動物の虐待及び遺棄の防止　動物の適正な取扱い　動物の管理　動物の所有者等の責任　終生飼養　動物取扱業者　特定動物　特定外来生物　野生動植物種　鳥獣の保護　湿地　廃棄物

1. 動物の愛護及び管理に関する法律（動物愛護管理法）

■ 法の目的

　動物愛護管理法（昭和48年10月1日法律第105号、以下「法」という）は、動物の愛護を推進するために、動物の虐待や遺棄の防止、動物の適正な取扱い、その他動物の健康及び安全の保持等の動物の愛護に関する事項を定めるとともに、動物による人の生命、身体や財産、生活環境に対する危害を防止するために、動物の管理に関する事項を定め、人と動物の共生する社会の実現を図ることを目的とする（法第1条）。

77

■ 法の構成

法は、「第1章 総則（第1条〜第4条）」、「第2章 基本指針等（第5条・第6条）」、「第3章 動物の適正な取扱い（第1節 総則［第7条〜第9条］、第2節 第一種動物取扱業者［第10条〜第24条］、第3節 第二種動物取扱業者［第24の2〜第24条の4］、第4節 周辺の生活環境の保全等に係る措置［第25条］、第5節 動物による人の生命等に対する侵害を防止するための措置［第26条〜第33条］、第6節 動物愛護担当職員［第34条］）」、「第4章 都道府県等の措置等（第35条〜第39条）」、「第5章 雑則（第40条〜第43条）」、「第6章 罰則（第44条〜第50条）」、及び附則から構成される。

■ 法の概要

基本原則

動物は「命あるもの」であることから、すべての人は、動物をみだりに殺傷したり苦しめたりしないだけではなく、人と動物の共生に配慮しながら、その習性をよく知った上で動物を適正に取り扱わなければならない（法第2条第1項）。また、動物を取り扱う場合には、適切な給餌や給水、必要な健康管理、その動物を種類、習性等に応じて飼養するための環境を確保しなければならない（同条第2項）。

動物愛護週間

毎年9月20日〜26日は動物愛護週間に定められ、この期間には国及び地方公共団体により、国民の間に動物の愛護と適正な飼養についての関心と理解を深めるための行事が実施される（法第4条）。

動物愛護管理基本指針と動物愛護管理推進計画

環境大臣は、動物の愛護及び管理に関する施策を総合的に推進するための基本指針を定めなけれ

ばならない（法第5条第1項）。この規定に基づき、「動物の愛護及び管理に関する施策を総合的に推進するための基本的な指針」（動物愛護管理基本指針、平成18年環境省告示第140号）が策定されている。また、都道府県は動物愛護管理基本指針に即して、当該都道府県の区域における動物の愛護及び管理に関する施策を推進するための「動物愛護管理推進計画」を定めなければならない（法第6条第1項）。

動物の所有者等の責務

(1) 動物の所有者等は、命ある動物の所有者等としての責任を十分に自覚して、動物をその種類や習性等に応じて適正に飼養し、動物の健康と安全を保持するように努めなければならない。また、飼養している動物が人の生命、身体や財産に危害を加え、周辺の生活環境を悪化させ、又は人に迷惑を及ぼさないように努めなければならない（法第7条第1項）。

(2) 動物の所有者等は、飼養している動物が感染源となり得る感染症について正しい知識を持ち、その予防のために必要な注意を払うように努めなければならない（同条第2項）。

(3) 動物の所有者等は、飼養している動物が逃げ出すのを防止するために必要な措置を講ずるよう努めなければならない（同条第3項）。

(4) 動物の所有者は、できる限り、飼養している動物が命を終えるまで適切に飼養すること（終生飼養）に努めなければならない（同条第4項）。

(5) 動物の所有者は、飼養している動物がみだりに繁殖して適正な飼養が難しくならないように、適切な繁殖制限を行うよう努めなければならない（同条第5項）。また、犬や猫の所有者は、飼養している犬や猫がみだりに繁殖して適正な飼養が難しくなるおそれがある場合には、その繁殖を防止するため、生殖を不能にする手術その他の措置をするように努めなければならない（法第37条第1項）。

（6）動物の所有者は、飼養している動物が自分の所有であることを明示するための措置を行うように努めなければならない（法第7条第6項）。なお、所有者明示に関して「動物が自己の所有に係るものであることを明らかにするための措置について」（平成18年環境省告示第23号）が策定されている。

動物の飼養及び保管等に関する基準

環境大臣は、動物の飼養と保管に関しよるべき基準を定めることができる（法第7条第7項）。この規定に基づき、家庭動物、展示動物、産業動物、実験動物のそれぞれについて、飼養及び保管等に関する基準が定められている（表5-1）。

・「家庭動物等の飼養及び保管に関する基準」（平成14年環境省告示第37号）
・「展示動物の飼養及び保管に関する基準」（平成16年環境省告示第33号）
・「実験動物の飼養及び保管並びに苦痛の軽減に関する基準」（平成18年環境省告示第88号）
・「産業動物の飼養及び保管に関する基準」（昭和62年総理府告示第22号）

動物取扱業者の規制

動物取扱業者には、第一種動物取扱業者（動物の販売、保管、貸出し、訓練、展示、競りあっせん、譲受飼養を業として行う者）と、第二種動物取扱業者（飼養施設を設置して一定数以上の動物を飼養し、非営利で譲渡、保管、貸出し、訓練、展示を業として行う者）がある。

・第一種動物取扱業者の規制

①第一種動物取扱業の登録

営利目的で動物（産業動物・実験動物を除く、哺乳類、鳥類、爬虫類）の販売（販売の取次ぎや代理販売を含む）、保管、貸出し、訓練、展示（動物との触れ合いの機会の提供を含む）、競りあっせん、譲受飼養を業として行う場合は、第一種動物取扱業者として、営業を始めるに当たって当該業を営もうとする事業所の所在地を管轄する都道府県知事等の登録を受けなければならない（法第10条第1項）。都道府県知事等は、登録を受けようとする者が営もうとする第一種動物取扱業の業務の内容及び実施の方法が環境省令で定める基準に適合しない場合や、飼養施設の構造、規模及び管理の方法が環境省令で定められた基準に適合しない場合、さらに犬猫等販売業の場合は、犬猫等健康安全計画が環境省令で定める基準に適合していない場合等は、登録を拒否しなければならない（法第12条）。また、第一種動物取扱業者の業務等がこれらの基準に適合しなくなったとき等は、都道府県知事等はその登録を取り消し、又は業務の停止を命ずることができる（法第19条）。

②標識の掲示

第一種動物取扱業者は、事業所ごとに、公衆の見やすい場所に、氏名又は名称、登録番号その他の環境省令で定める事項を記載した標識を掲げなければならない（法第18条）。

表5-1　動物の飼養及び保管等に関する基準

家庭動物等	コンパニオンアニマルとして家庭等で飼養される、あるいは情操のかん養や生態観察のために飼養される哺乳類、鳥類及び爬虫類
展示動物	動物園等での展示、人との触れ合いの機会の提供、販売や販売を目的とした繁殖、商業的な撮影等の目的で飼養される哺乳類、鳥類及び爬虫類
実験動物	科学上の利用に供するために研究施設等で飼養される哺乳類、鳥類又は爬虫類
産業動物	産業等の利用に供するために飼養される哺乳類及び鳥類

動物医療関連法規 各論

③基準遵守義務

　第一種動物取扱業者は、動物の健康及び安全を守り、生活環境の保全上の支障が生じることを防止するため、環境省令で定められた動物の管理の方法等についての基準を守らなければならない（法第21条第1項）。この規定に基づき、第一種動物取扱業者の遵守基準として、動物愛護管理法施行規則（以下「規則」という）第8条に12項目が挙げられている。このほか、遵守すべき事項として「第一種動物取扱業者が遵守すべき動物の管理の方法等の細目（平成18年1月20日環境省告示第20号）」が策定されている。

④感染性の疾病の予防

　第一種動物取扱業者は、その取り扱う動物の健康状態を日常的に確認し、必要に応じて獣医師による診療を受けさせる等、その取り扱う動物の感染性の疾病の予防のために必要な措置を適切に実施するよう努めなければならない（法第21条の2）。

⑤動物を取り扱うことが困難になった場合の譲渡し等

　第一種動物取扱業者は、廃業する場合等、業として動物を取り扱うことが困難になった場合には、当該動物の譲渡し等の適切な措置を講ずるよう努めなければならない（法第21条の3）。

⑥販売に際しての情報提供の方法等

　第一種動物取扱業者のうち、哺乳類、鳥類、爬虫類の販売を業として営む者は、当該動物を販売する場合には、あらかじめ、当該動物を購入しようとする者に対し、当該動物の現在の状態を直接見せるとともに、対面により書面等を用いて当該動物の飼養方法等、適正な飼養のために必要な情報として環境省令で定めるものを提供しなければならない（法第21条の4）。この規定に基づき、適正な飼養のために説明すべき情報として18項目

が定められている（規則8条の2第2項）。

⑦動物取扱責任者の配置

　第一種動物取扱業者は、事業所ごとに、業務を適正に実施するため、常勤の職員の中から1名以上、当該事業所に専属の動物取扱責任者を配置しなければならない。動物取扱責任者は、顧客に対し適正な動物の飼養方法等に係る重要事項を説明し、又は動物を取り扱う職員である（法第22条第1項、規則第3条）。また、第一種動物取扱業者は、動物取扱責任者に都道府県知事等が行う動物取扱責任者研修を、1年に1回以上受けさせなければならない（法第22条第3項、規則10条）。

⑧犬及び猫の展示の規制

　販売業者、貸出業者及び展示業者にあっては、犬又は猫の展示を行う場合には、午前8時から午後8時までの間に行わなければならない（規則第8条第4号）。また、犬又は猫の飼養施設は、夜間（午後8時から午前8時までの間）に顧客、見学者等を立ち入らせないための措置を講じなければならない（規則第3条第2項第9号）。

⑨犬猫等販売業者の義務

ⅰ．犬猫等健康安全計画の遵守

　第一種動物取扱業のうち、犬及び猫の販売を行う犬猫等販売業者は、登録に当たり、犬猫等の繁殖を行うかどうか、及び「犬猫等健康安全計画」（販売の用に供する幼齢の犬猫等の健康と安全を保持するための体制の整備、販売の用に供することが困難となった犬猫等の取扱い等に関する計画）を申請書に記載しなければならない（法第10条第3項）。犬猫等販売業者は、この犬猫等健康安全計画に従って業務を行わなければならない（法第22条の2）。

ⅱ．獣医師等との連携の確保

　犬猫等販売業者は、飼養する犬猫等の健康及

び安全を確保するため、獣医師等との適切な連携の確保を図らなければならない（法第22条の3）。

iii．終生飼養の確保

犬猫等販売業者は、やむを得ない場合を除き、販売の用に供することが困難となった犬猫等についても、終生飼養の確保を図らなければならない（法第22条の4）。

iv．幼齢の犬又は猫の販売等の制限

犬猫等販売業者のうち、販売の用に供する犬又は猫の繁殖を行う者は、出生後56日を経過しない犬及び猫を、販売のため又は販売の用に供するために引渡し又は展示してはならない（法第22条の5）。

v．犬猫等の個体に関する帳簿の備付け等

犬猫等販売業者は、所有する犬猫等の個体ごとに、品種等の環境省令で定める事項を帳簿に記載し、記載の日から5年間保存しなければならない（法第22条の6第1項、規則第10条の2）。また、犬猫等の所有状況等の所定の事項を環境省令で定める期間（毎年4月1日から翌年の3月31日まで）ごとに都道府県知事等に届け出なければならない（法第22条の6第2項、規則第10条の3第2項）。

⑩勧告及び命令、報告及び検査

都道府県知事等は、第一種動物取扱業者が定められた基準や規定を遵守していない場合は、改善又は必要な措置をとるよう勧告、命令することができる（法第23条）。また、必要に応じて第一種動物取扱業者に対して報告を求め、又は事業所その他関係のある場所に立ち入り、飼養施設その他の物件を検査することができる（法第24条）。

・第二種動物取扱業者の規制

①第二種動物取扱業の届出

営利を目的とせず、人の居住部分と区分できる飼養施設を設置して、動物の種類ごとに環境省令で定める頭数以上の動物（実験動物・産業動物を除く、哺乳類、鳥類、爬虫類）の取扱い（動物の譲渡し、保管、貸出、訓練、展示）を行う場合は、第二種動物取扱業者として、飼養施設を設置する場所ごとに、都道府県知事等に届け出なければならない（法第24条の2、規則第10条の5第1項、同条第2項）。

②基準遵守義務

第二種動物取扱業者は、動物の健康及び安全を保持するとともに、生活環境の保全上の支障が生じることを防止するため、その取り扱う動物の管理の方法等に関し環境省令で定める基準を遵守しなければならない（法第24条の4）。この規定に基づき、第二種動物取扱業者の遵守基準として、規則第10条の9に4項目が挙げられている。このほか、遵守すべき事項として「第二種動物取扱業者が遵守すべき動物の管理の方法等の細目」（平成25年4月25日環境省告示第47号）が策定されている。

③勧告及び命令、報告及び検査

都道府県知事等は、第二種動物取扱業者が定められた基準や規定を遵守していない場合は、改善又は必要な措置をとるよう勧告、命令することができる。また、必要に応じて第二種動物取扱業者に対して報告を求め、又は飼養施設を設置する場所に立ち入り、飼養施設その他の物件を検査することができる（法第24条の4）。

周辺の生活環境の保全等に係る措置

多数の動物の飼養によって発生した騒音や悪臭、動物の毛の飛散や多数の昆虫等のために周辺の生活環境が損なわれている場合、都道府県知事

第5章

環境行政関連法規

81

等は、そのような事態を生じさせている者に対し、その事態を除去するために必要な措置をとるように勧告し（法第25条第1項）、適切な措置を講じない場合は、措置を講じるように命令することができる（法第25条第2項）。また、多数の動物を不適正に飼養又は保管しているため、動物が衰弱する等の虐待を受けるおそれがある場合、都道府県知事等は、そのような事態を生じさせている者に対し、その事態を改善するために必要な措置をとるべきことを命じ、又は勧告することができる（法第25条第3項）。

動物による人の生命等に対する侵害を防止するための措置

・特定動物の飼養又は保管の許可

　人の生命、身体又は財産に害を加えるおそれがある動物として政令で定める動物のことを特定動物という。特定動物を飼養又は保管する場合は、動物種ごとに、飼養施設の所在地を管轄する都道府県知事等の許可を受けなければならない（法第26条第1項）。許可を受けるには、特定動物の性質に応じて環境省令で定める飼養施設の構造や規模、特定動物の飼養又は保管の方法、特定動物の飼養又は保管が困難になった場合における措置に関する基準を満たさなければならない（法第27条第1項第1号、規則第17条）。特定動物を飼養する飼養施設の構造や規模、特定動物の飼養又は保管の方法が規則第17条に定める許可の基準に適合しなくなったとき等は、都道府県知事等はその許可を取り消すことができる（法第29条第2号）。

　なお、特定動物として、哺乳類、鳥類、爬虫類の約650種が指定されている。また、特定外来生物による生態系等に係る被害の防止に関する法律（外来生物法）で飼養が規制される動物は特定動物から除外される。

・飼養又は保管の方法

　特定動物飼養者は、飼養又は保管にあたって、飼養施設の点検を定期的に行うこと、特定動物の飼養又は保管の状況を定期的に確認すること、環境大臣が定めるマイクロチップや脚環等の個体識別措置を講じることとされている（法第31条、規則第20条）。このほか、遵守すべき事項として、「特定飼養施設の構造及び規模に関する基準の細目」（平成18年1月20日環境省告示第21号）、「特定動物の飼養又は保管の方法の細目」（平成18年1月20日環境省告示第22号）が策定されている。

・特定動物飼養者に対する措置命令等、報告及び検査

　特定動物飼養者が遵守すべき飼養又は保管の方法に違反した場合等は、都道府県知事等は、必要に応じて、飼養又は保管の方法の改善等の必要な措置をとるべきことを命ずることができる（法第32条）。また、特定動物飼養者に対し、必要に応じて飼養施設の状況、特定動物の飼養又は保管の方法等に関して報告を求め、又は特定飼養施設等の立ち入り検査をすることができる（法第33条第1項）。

都道府県等の措置等

・犬及び猫の引取り

　都道府県等は、犬又は猫の引取りをその所有者から求められたときは、これを引き取らなければならない。ただし、犬猫等販売業者から引取りを求められた場合や、所有者から引取りを繰り返し求められた場合、都道府県等からの繁殖制限の指示に従わなかった者から子犬又は子猫の引取りを求められた場合、犬又は猫の老齢又は疾病を理由として引取りを求められた場合、引取りを求める犬又は猫の飼養が困難であるとは認められない理由により引取りを求められた場合、あらかじめ引取りを求める犬又は猫の譲渡先を見つけるための取組を行っていない場合等、動物の所有者の責務

である終生飼養の原則に照らして、引取りを求める相当の事由がない場合には、引取りを拒否することができる（法第35条第1項、規則第21条の2）。また、都道府県等は、犬又は猫の引取り等に際して、繁殖制限の措置が適切になされるよう、必要な指導及び助言を行うように努めなければならない（法第37条第2項）。

・負傷動物等の収容

道路、公園、広場その他の公共の場所で、疾病にかかり、若しくは負傷した犬、猫等や、その死体を発見した者は、所有者が判明しないときは都道府県知事等に通報するように努め（法第36条第1項）、都道府県等は、通報があったときは、その動物や動物の死体を収容しなければならない（法第36条第2項）。

・保管動物に対する措置

都道府県知事等は、引取りや収容を行って施設で保管する犬又は猫について、所有者がいると推測されるものはその所有者を発見し、当該所有者に返還するよう努めるとともに、所有者がいないと推測されるもの、所有者から引取りを求められたもの、所有者が発見できないものについては飼養を希望する者に譲渡するよう努め、殺処分がなくなることを目指すこととされている（法第35条第4項）。また、都道府県知事等は、動物の愛護を目的とする団体その他の者に犬又は猫の引取り又は譲渡しを委託することができる（法第35条第6項）。

なお、犬及び猫の引取り等に関して、「犬及び猫の引取り並びに負傷動物等の収容に関する措置について」（平成18年環境省告示第26号）が策定されている。

・動物愛護推進員と協議会

都道府県知事等は、地域における犬、猫等の動物の愛護の推進に熱意と識見を有する者のうちから、動物愛護推進員を委嘱することができる（法第38条第1項）。動物愛護推進員の活動として、動物の愛護と適正な飼養の普及啓発、繁殖制限の助言、譲渡のあっせん、国や都道府県等が行う動物の愛護と適正な飼養の推進のための施策や、災害時の動物の避難・保護等に関する施策への協力等が挙げられている（法第38条第2項）。また、都道府県等は、動物愛護推進員の委嘱の推進や、その活動の支援等を行うための協議会を組織することができる（法第39条）。

その他

・動物を殺す場合の方法

動物を殺さなければならない場合には、できる限りその動物に苦痛を与えない方法で行わなければならない（法第40条第1項）。このほか、動物を殺す場合の方法に関して「動物の殺処分方法に関する指針」（平成7年7月4日総理府告示第40号）が策定されている。

・動物を科学上の利用に供する場合の方法、事後措置等

動物を教育、試験研究、生物学的製剤の製造等の科学上の利用に供する場合には、その目的を達することができる範囲において、できる限り動物に代わり得るものを利用することや、使用する動物の数を削減すること等により、動物の適切な利用に配慮するものとされている（法第41条第1項）。また、動物を科学上の利用に供する場合には、その利用に必要な限度において、できる限りその動物に苦痛を与えない方法を用いなければならない（法第41条第2項）。動物が科学上の利用に供された後、回復の見込みのない状態になった場合には、直ちに、できる限り苦痛を与えない方法により、その動物を処分しなければならない（法第41条第3項）。

第5章 環境行政関連法規

動物医療関連法規 各論

・獣医師による通報

　獣医師はその業務を行うにあたり、みだりに殺されたと思われる動物の死体や、みだりに傷つけられ、若しくは虐待を受けたと思われる動物を発見したときは、都道府県知事等や警察等の関係機関に通報するよう努めなければならない（法第41条の2）。

罰則

・みだりな殺傷、虐待や遺棄の禁止

　愛護動物をみだりに殺し、又は傷つけた者は、2年以下の懲役又は200万円以下の罰金に処せられる（法第44条第1項）。愛護動物に対し、みだりに、給餌若しくは給水をやめ、酷使し、又はその健康及び安全を保持することが困難な場所に拘束することにより衰弱させること、自己の飼養し、又は保管する愛護動物であって疾病にかかり、又は負傷したものの適切な保護を行わないこと、排せつ物の堆積した施設又はほかの愛護動物の死体が放置された施設であって自己の管理するものにおいて飼養し、又は保管することその他の虐待を行った者は、100万円以下の罰金に処せられる（同条第2項）。また、愛護動物を遺棄した者は、100

万円以下の罰金に処せられる（同条第3項）。

　ここでの愛護動物とは、牛、馬、豚、めん羊、山羊、犬、猫、いえうさぎ、鶏、いえばと、あひる、及びこれら以外の人が占有している動物で、哺乳類、鳥類又は爬虫類に属するものをいう（同条第4項）。

・その他の主な罰則

　無許可で特定動物を飼養し、又は保管した者は、6カ月以下の懲役又は100万円以下の罰金に処せられる（法第45条第1号）。

　無登録で第一種動物取扱業を営んだ者は、100万円以下の罰金に処せられる（法第46条第1号）。

　不適切な多頭飼育により、周辺の生活環境が損なわれている事態や動物が衰弱する等の虐待を受けるおそれがある事態を生じさせている者に対して都道府県知事等が措置命令を行った場合、これに違反した者は、50万円以下の罰金に処せられる（法第46条の2）。

　無届出で第二種動物取扱業を行った者は、30万円以下の罰金に処せられる（法第47条第1号）。

2. 特定外来生物による生態系等に係る被害の防止に関する法律（外来生物法）

■ 法の目的

　外来生物法（平成16年6月2日法律第78号、以下「法」という）は、特定外来生物の飼養、栽培、保管又は運搬（以下「飼養等」という）、輸入その他の取扱いを規制するとともに、国等による特定外来生物の防除等の措置を講ずることにより、特定外来生物による生態系等への被害を防止し、もって生物の多様性の確保、人の生命・身体

の保護、農林水産業の健全な発展に寄与することを通じて、国民生活の安定向上に資することを目的とする（法第1条）。

■ 法の構成

　法は、「第1章 総則（第1条〜第3条）」、「第2章 特定外来生物の取扱いに関する規制（第4条〜第10条）」、「第3章 特定外来生物の防除（第11条〜第20条）」、「第4章 未判定外来生物（第21

条～第 24 条)」、「第 4 章の 2　輸入品等の検査等（第 24 条の 2 ～第 24 条の 4)」、「第 5 章 雑則（第 25 条～第 31 条)」、「第 6 章 罰則（第 32 条～第 36 条)」、及び附則から構成される。

■ 法の概要

特定外来生物の定義

　法の対象となる「特定外来生物」とは、外来生物（海外起源の外来種。その生物が交雑することにより生じた生物を含む）であって、生態系、人の生命・身体、農林水産業へ被害を及ぼすもの、又は及ぼすおそれがあるものとして政令で定めるものの個体、卵、種子、器官等をいう。また、特定外来生物として規制をされるのは、生きているものに限られる（法第 2 条 1 項）。

飼養等の禁止

　特定外来生物は、飼養等をしてはならない（法第 4 条)。学術研究の目的その他主務省令で定める目的で特定外来生物の飼養等をしようとする者は、主務大臣の許可を受けなければならない（法第 5 条第 1 項)。許可を受けて飼養等をする場合、特定外来生物の飼養等の状況の確認や特定外来生物の飼養等施設（以下「特定飼養等施設」という）の保守点検を定期的に行い、個体等へのマイクロチップの装着やタグ又は脚環の取付け、標識又は写真の掲示等、当該特定外来生物について飼養等の許可を受けていることを明らかにするための措置等を講じなければならない（法第 5 条第 5 項、外来生物法施行規則第 8 条)。

輸入の禁止

　特定外来生物は、輸入してはならない。ただし、飼養等をする許可を受けている者は、輸入することが認められる（法第 7 条)。

譲渡し等の禁止

　特定外来生物は、譲渡し、譲受け、引渡し、引取り（以下「譲渡し等」という）をしてはならない。これには販売することも含まれる。ただし、許可を受けて飼養等をし、又はしようとする者の間で譲渡し等を行うことは認められる（法第 8 条)。

放出等の禁止

　特定外来生物は、特定飼養等施設の外で放出、植栽又は播種をしてはならない（法第 9 条)。

特定外来生物の防除

・主務大臣等による防除

　特定外来生物による生態系等に係る被害が生じ、又は生じるおそれがある場合で、当該被害の発生を防止するため必要があるときは、主務大臣及び国の関係行政機関の長は、特定外来生物の防除を行う（法第 11 条第 1 項)。

・主務大臣等以外の者による防除

　国が防除を行うとした特定外来生物について、地方公共団体が防除を行おうとする場合は、主務大臣のその旨の確認を受けることができる（法第 18 条)。また、地方公共団体以外の者（NPO 等）が防除を行おうとする場合は、適正かつ確実に実施できることについて主務大臣の認定を受けることができる（法第 18 条第 2 項)。

罰則

　法に違反した場合の罰則の例として、販売又は頒布をする目的で、特定外来生物の飼養等をした者、偽りや不正の手段によって、特定外来生物の飼養等や学術研究の目的での放出等の許可を受けた者、許可を受けずに特定外来生物の輸入や放出等を行った者、飼養等の許可を受けていない者に対して、特定外来生物の販売又は頒布をした者等は、3 年以下の懲役若しくは 300 万円以下の罰金、又はこれを併科される（法第 32 条)。これらの違反行為が法人による場合、その法人に対して 1 億円以下の罰金刑が科せられる（法第 36 条第 1 号)。

第 5 章　環境行政関連法規

動物医療関連法規 各論

3. 絶滅のおそれのある野生動植物の種の保存に関する法律（種の保存法）

■ 法の目的

種の保存法（平成4年6月5日法律第75号、以下「法」という）は、野生動植物が、生態系の重要な構成要素であるだけでなく、自然環境の重要な一部として人類の豊かな生活に欠かすことのできないものであることから、絶滅のおそれのある野生動植物の種の保存を図ることにより、生物の多様性を確保するとともに、良好な自然環境を保全し、もって現在及び将来の国民の健康で文化的な生活の確保に寄与することを目的とする（法第1条）。

■ 法の構成

法は、「第1章 総則（第1条～第6条)」、「第2章 個体等の取扱いに関する規制（第7条～第33条の15)」、「第3章 生息地等の保護に関する規制（第34条～第44条)」、「第4章 保護増殖事業（第45条～第48条)」、「第5章 雑則（第49条～第57条)」、「第6章 罰則（第57条の2～第66条)」、及び附則から構成される。

このうち、第2章第2節では、個体の捕獲及び個体等の譲渡し等の禁止に関し、捕獲等の禁止（第9条）、捕獲等の許可（第10条）、譲渡し等の禁止（第12条）、譲渡し等の許可（第13条）、陳列又は広告の禁止（第17条）等の規定がある。第

2章第3節では、国際希少野生動植物種の個体等の登録等（第20条～第29条）について規定され、第3章第2節では、生息地等保護区（第36条～第44条）について規定されている。

■ 法の概要

「絶滅のおそれ」とは、野生動植物の種について、種の存続に支障を来す程度にその種の個体の数が著しく少ないこと、その種の個体の数が著しく減少しつつあること、その種の個体の主要な生息地又は生育地が消滅しつつあること、その種の個体の生息又は生育の環境が著しく悪化しつつあることその他のその種の存続に支障を来す事情があることをいう（法第4条第1項）。

国内外の希少な野生動植物種の保全を体系的に図るため、法に基づき、絶滅のおそれのある野生動植物種として、国内希少野生動植物種（同条第3項）、国際希少野生動植物種（同条第4項）、緊急指定種（法第5条第1項）が指定される。これらの希少野生動植物種について、捕獲等（捕獲、採取、殺傷、損傷）、販売・頒布目的の陳列と、譲渡し等（あげる、売る、貸す、もらう、買う、借りる）が規制される。また、国内希少野生動植物種については、必要に応じて生息地等保護区の指定や、保護増殖事業計画の策定が行われる。

4. 鳥獣の保護及び狩猟の適正化に関する法律（鳥獣保護法）

■ 法の目的

鳥獣保護法（平成 14 年 7 月 12 日法律第 88 号。平成 27 年に「鳥獣の保護及び管理並びに狩猟の適正化に関する法律」に改正、平成 27 年 5 月 29 日施行。以下「法」という）は、鳥獣の保護を図るための事業を実施するとともに、鳥獣による生活環境、農林水産業又は生態系に係る被害を防止し、併せて猟具の使用に係る危険を予防することにより、鳥獣の保護及び狩猟の適正化を図り、もって生物の多様性の確保、生活環境の保全及び農林水産業の健全な発展に寄与することを通じて、自然環境の恵沢を享受できる国民生活の確保及び地域社会の健全な発展に資することを目的とする（法第 1 条）。

■ 法の構成

法は、「第 1 章 総則（第 1 条、第 2 条）」、「第 2 章 基本指針等（第 3 条～第 7 条）」、「第 3 章 鳥獣保護事業の実施（第 8 条～第 34 条）」、「第 4 章 狩猟の適正化（第 35 条～第 74 条）」、「第 5 章 雑則（第 75 条～第 82 条）」、「第 6 章 罰則（第 83 条～第 88 条）」、及び附則から構成される。

■ 法の概要

鳥獣の定義

鳥獣保護法の対象となる「鳥獣」とは、鳥類又は哺乳類に属する野生動物をいう（法第 2 条第 1 項）。ただし、環境衛生の維持に重大な支障を及ぼすおそれのある鳥獣又は他の法令により捕獲等について適切な保護管理がなされている鳥獣であって環境省令で定めるものは、この法律の対象から除外される（法第 80 条）。本条及び鳥獣保護法施行規則（以下「規則」という）により、「他の法令により捕獲等について適切な保護管理がなされている鳥獣」としてニホンアシカ、アザラシ 5 種、ジュゴン以外の海棲哺乳類が、「環境衛生の維持に重大な支障を及ぼす鳥獣」としていえねずみ類 3 種（ドブネズミ、クマネズミ、ハツカネズミ）が定められている（規則第 78 条）。

鳥獣の捕獲等又は鳥類の卵の採取等の規制

鳥獣及び鳥類の卵は、捕獲等（捕獲又は殺傷）又は採取等（採取又は損傷）をしてはならない（法第 8 条）。ただし、学術研究や、鳥獣による生活環境、農林水産業又は生態系に係る被害の防止等の目的がある場合は、環境大臣又は都道府県知事の許可を受けて、野生鳥獣又は鳥類の卵を捕獲等又は採取等をすることが認められる（法第 9 条第 1 項）。

鳥獣の飼養、販売等の規制

鳥獣の飼養、販売等に関し、飼養の登録（法第 19 条）、販売禁止鳥獣等（法第 23 条）、鳥獣等の輸出の規制（法第 25 条）、鳥獣等の輸入等の規制（法第 26 条）等の規定がおかれている。このほか、違法に捕獲や輸入あるいは採取した鳥獣や鳥類の卵を、飼養、譲渡し、譲受け、販売、加工、保管のため引渡しや引受けをすることが禁止されている（法第 27 条）。

鳥獣保護区

環境大臣又は都道府県知事は、鳥獣の保護を図るため特に必要があると認めるときは、鳥獣の種類その他鳥獣の生息の状況を勘案して、一定の区域を鳥獣保護区として指定することができる（法

動物医療関連法規 各論

第28条第1項）。環境大臣が指定するものを国指定鳥獣保護区、都道府県知事が指定するものを都道府県指定鳥獣保護区という。

また、環境大臣又は都道府県知事は、それぞれ鳥獣保護区の区域内で鳥獣の保護又は鳥獣の生息地の保護を図るため特に必要があると認める区域を、特別保護地区として指定することができる（法第29条第1項）。鳥獣保護区内においては、狩猟が禁止されるほか、特別保護地区内においては、一定の開発行為（工作物の新築、改築、増築、水面の干拓や埋立て、木竹の伐採）が規制される。

狩猟制度

「狩猟」とは、法定猟法により、狩猟鳥獣の捕獲又は殺傷をすることをいう（法第2条第4項）。日本に生息する野生鳥獣のうち、狩猟対象として48種類の狩猟鳥獣が選定されており（規則第3条）、それ以外の鳥獣の狩猟は禁じられている。

狩猟を行うためには、法定猟法の種類に応じた狩猟免許を取得した上で、狩猟をしようとする都道府県に狩猟者登録しなければならない（法第39条、法第55条）。また、法に基づき、狩猟ができる期間、狩猟が禁止又は制限される区域、猟法に関する制限等の規制がある。

5. 絶滅のおそれのある野生動植物の種の国際取引に関する条約（ワシントン条約）

■ 条約の概要

ワシントン条約（Convention on International Trade in Endangered Species of Wild Fauna and Flora）は、絶滅するおそれのある、又は生存を脅かされている野生動植物種の輸出入等の国際取引を規制することによって捕獲や採取の抑制を図り、これらの野生動植物種を保護することを目的とする。1973年に米国のワシントンD.C.で採択されたことからワシントン条約、又は英文表記の頭文字をとってCITES（サイテス）とも呼ばれ、現在、約180カ国・地域が締約国になっている。日本が本条約を批准したのは1980年である。

ワシントン条約の規制対象は、その生死に関係なく動植物の個体、個体の部分や派生物である。すなわち、皮革製品や漢方薬等、これらの動植物を加工した製品も規制の対象である。

■ 附属書

規制の対象となる野生動植物種のリストを「附属書」という。絶滅の危機の程度に応じて、附属書Ⅰ、Ⅱ、Ⅲの3段階があり、段階ごとに、掲載された動植物種の国際取引が規制されている。

附属書Ⅰ

附属書Ⅰに掲載されている種は、絶滅のおそれのある種であって、国際取引による影響を受けている、又は受けることのあるものである。その存続を更に脅かすことのないよう特に厳重に規制されている。学術研究を目的とした取引は可能であるが、商業目的の取引は原則として禁止されている。なお、学術研究とは、主として、絶滅の危機にある動植物種の存続に資することを目的とした研究を指す。取引に際しては、輸出国政府の発行する輸出許可書及び輸入国政府の発行する輸入許可書を受ける必要がある（条約第3条）。

附属書Ⅱ

附属書Ⅱに掲載されている種は、現在必ずしも絶滅のおそれのある種ではないが、その国際取引

を厳重に規制しなければ絶滅のおそれのある種、及びこれらの取引を効果的に取り締まるために規制しなければならない種である。商業目的の取引を行うことが可能である。取引に際しては、輸出国政府の発行する輸出許可書を受ける必要がある（条約第4条）。

附属書Ⅲ

　附属書Ⅲに掲載されている種は、締約国が、捕獲又は採取を防止、又は制限するための規制を自国の管轄内において行う必要があると認め、か

つ、取引の取締のために他の締約国の協力が必要であると認める種である。商業目的の取引が可能である。これらの種の輸入については、原産地証明書、及び、その輸入が当該種を掲げた国から行われる場合には、輸出国政府の発行する輸出許可書を受ける必要がある（条約第5条）。

■ 条約違反の取引に係る措置

　条約に違反して取引された規制対象物は没収され、生きているものの場合は輸出国に返送される（条約第8条）。

6.　特に水鳥の生息地として国際的に重要な湿地に関する条約（ラムサール条約）

■ 条約の目的

　ラムサール条約（1971年2月2日採択、以下「条約」という）の目的は、国際的に重要な湿地及びそこに生息・生育する動植物の保全を促進することである。この目的のため、条約は、締約国がその領域内にある湿地を、条約で定められた九つの国際的な基準に従って指定し、条約事務局に登録することや、湿地の保全及び賢明な利用を促進するために締約国がとるべき措置等について規定している。わが国が加入したのは1980年である。

■ 条約の概要

湿地の定義

　条約において「湿地」とは、天然のものであるか人工のものであるか、永続的なものであるか一時的なものであるか、水が滞っているか流れているか、淡水であるか汽水であるか鹹水であるかを問わず、沼沢地、湿原、泥炭地又は水域をいい、低潮時における水深が6メートルを超えない海域を含むと定義されている（条約第1条）。

湿地の登録

　各締約国は、国際的重要性を考慮して、その領域内の適切な湿地を少なくとも1カ所指定し、条約事務局に登録する（条約第2条）。

締約国がとるべき措置

　登録した湿地の保全を促進し、その領域内の湿地をできる限り適正に利用することを促進するための計画を作成し、実施すること（条約第3条第1項）、登録した湿地の生態学的特徴が人為的干渉により変化するおそれがある場合等は、これらの変化に関する情報をできる限り早期に入手できる措置をとること（条約第3条第2項）、湿地が登録されているか否かにかかわらず、湿地に自然保護区を設けることにより湿地及び水鳥の保全を促進し、その自然保護区の監視を十分に行うこと（条約第4条第1項）、湿地及びその動植物に関する研究並びに湿地及びその動植物に関する資料及び刊行物の交換を奨励すること（条約第4条第3項）、湿地の管理により、適当な湿地における水鳥の数を増加させるよう努めること（条約第4条第

動物医療関連法規 各論

4 項）、湿地の研究、管理及び監視について能力を有する者の訓練を促進すること（条約第 4 条第 5 項）等が挙げられている。

7. 廃棄物の処理及び清掃に関する法律（廃棄物処理法）

■ 法の目的

廃棄物処理法（昭和 45 年 12 月 25 日法律第 137 号、以下「法」という）は、廃棄物の排出を抑制し、及び廃棄物の適正な分別、保管、収集、運搬、再生、処分等の処理をし、並びに生活環境を清潔にすることにより、生活環境の保全及び公衆衛生の向上を図ることを目的とする（法第 1 条）。この目的のため、法は、廃棄物の定義や国民、事業者、国、地方公共団体の責務、廃棄物の処理・処理業・処理施設の基準等について定めている。

■ 法の構成

法は、「第 1 章 総則（第 1 条～第 5 条の 8）」、「第 2 章 一般廃棄物（第 6 条～第 10 条）」、「第 3 章 産業廃棄物（第 11 条～第 15 条の 4 の 7）、第 3 章の 2 廃棄物処理センター（第 15 条の 5 ～第 15 条の 16）、第 3 章の 3 廃棄物が地下にある土地の形質の変更（第 15 条の 17 ～第 15 条の 19）」、「第 4 章 雑則（第 16 条～第 24 条の 6）」、「第 5 章 罰則（第 25 条～第 34 条）」、及び附則から構成される。

■ 法の概要

廃棄物の分類

この法律において「廃棄物」とは、ごみ、粗大ごみ、燃え殻、汚泥、ふん尿、廃油、廃酸、廃アルカリ、動物の死体その他の汚物又は不要物であって、固形状又は液状のもの（放射性物質及びこれによって汚染された物を除く）をいう（法第 2 条第 1 項）。

廃棄物は大きく、産業廃棄物と一般廃棄物とに分けられる。産業廃棄物とは、事業活動に伴って生じた廃棄物のうち、燃え殻、汚泥、廃油、廃酸、廃アルカリ、廃プラスチック類その他政令で定める廃棄物（法第 2 条第 4 項第 1 号）及び輸入された廃棄物（同項第 2 号）をいう。本条及び廃棄物処理法施行令（以下「令」という）により、産業廃棄物として 20 種類の廃棄物が定められている（令第 2 条）。一般廃棄物とは、産業廃棄物以外の廃棄物をいう（法第 2 条第 2 項）。

産業廃棄物のうち、爆発性、毒性、感染性その他の人の健康又は生活環境に係る被害を生ずるおそれがある性状を有するものとして令で定めるものを「特別管理産業廃棄物」（法第 2 条第 5 項）、一般廃棄物のうち、爆発性、毒性、感染性その他の人の健康又は生活環境に係る被害を生ずるおそれがある性状を有するものとして令で定めるものを「特別管理一般廃棄物」（法第 2 条第 3 項）という。これらの廃棄物は令で定める収集、運搬、処分等の基準に従って適正に処理しなければならない（令第 4 条の 2、令第 6 条の 5）。獣医療施設から発生する感染性廃棄物は特別管理産業廃棄物及び特別管理一般廃棄物に該当し、取扱いには注意を要する（図5-1）。

廃棄物の処理

廃棄物の処理については、産業廃棄物は排出事業者に処理責任がある（法第 11 条第 1 項）。これは、他の者に処理を委託する場合も含めて、発生した廃棄物は事業者自身が責任をもって処理する

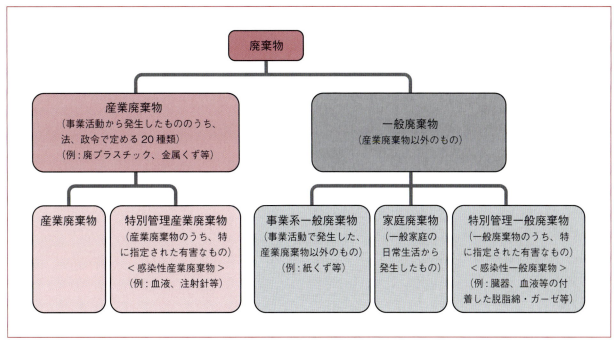

図5-1　廃棄物の分類

ことを意味する。よって産業廃棄物は事業者自ら、又は排出事業者の委託を受けた許可業者が処理を行う。事業者は、自らその産業廃棄物の処分を行う場合には、産業廃棄物処理基準等を遵守しなければならない（法第12条）。

　事業者は、産業廃棄物の運搬又は処分を他人に委託する場合には、令で定める基準（産業廃棄物委託基準）に従わなければならない（法第12条第6項）。またその場合、当該産業廃棄物の処理の状況に関する確認を行い、当該産業廃棄物について発生から最終処分が終了するまでの一連の処理の行程における処理が適正に行われるために必要な措置を講ずるように努めなければならない（法第12条第7項）。

　一般廃棄物は、市町村に処理責任がある。市町村は、当該市町村の区域内の一般廃棄物の処理に関する計画（一般廃棄物処理計画）を定め（法第6条）、この計画に従って、その区域内における一般廃棄物を生活環境の保全上支障が生じないうちに収集し、これを運搬し、及び処分しなければならない（第6条の2第1項）。

「廃棄物処理法に基づく感染性廃棄物処理マニュアル」（環境省）の概要

　獣医療の現場においては、獣医療行為に伴って発生する感染性廃棄物の取り扱いに関して、廃棄物処理法と併せて「廃棄物処理法に基づく感染性廃棄物処理マニュアル」を遵守する必要がある。

　本マニュアルは、感染性廃棄物の処理にかかわるすべての者を対象としており、「第1章 総則」、「第2章 廃棄物処理に関する一般的事項」、「第3章 医療関係機関等における感染性廃棄物の管理」、「第4章 医療関係機関等の施設内における感染性廃棄物の処理」、「第5章 感染性廃棄物の処理の委託」、「第6章 感染性廃棄物の収集運搬及び保管」、「第7章 廃棄物処分業者が行う感染性廃棄物の処分」の各章から構成される。

　医療関係機関等（病院や動物の診療施設等）から排出される廃棄物のうち、医療行為等に伴って発生する廃棄物は感染性廃棄物と非感染性廃棄物とに区分される。本マニュアルにおいて「感染性廃棄物」とは、医療関係機関等（病院や動物の診療施設等）から生じ、人が感染し、若しくは感染するおそれのある病原体が含まれ、若しくは付着

している廃棄物又はこれらのおそれのある廃棄物と定義される（令別表第1の4の項、廃棄物処理法施行規則第1条第5項）。感染性廃棄物か非感染性廃棄物かはマニュアルに掲載されている判断フロー図に基づいて判断し、それぞれに応じた適切な取り扱いを行う。

発生時点において感染性廃棄物であっても、焼却等の処理により感染力が失われたものは通常の廃棄物として処理することができる。すなわち、感染性一般廃棄物（紙くず、包帯、脱脂綿等のう

ち、感染性があるもの）を処理したものは事業系一般廃棄物として、感染性産業廃棄物（血液［廃アルカリ又は汚泥に該当］、注射針［金属くずに該当］、レントゲン定着液［廃酸に該当］等のうち感染性があるもの）を処理したものは産業廃棄物として、それぞれ処理することになる。なお、非感染性廃棄物であっても、注射針等鋭利なものは感染性廃棄物と同等の取り扱いをしなければならない。

参考図書

1. 池本卯典 他 編（2007）：獣医学概論，文英堂出版，東京．

2. 獣医公衆衛生学教育研修協議会 編（2014）：獣医公衆衛生学I，文永堂出版，東京．

3. 「動物の愛護及び管理に関する法律のあらまし（平成24年改正版）」，平成26年3月発行，環境省．

4. 「廃棄物処理法に基づく感染性廃棄物処理マニュアル」，平成24年5月，環境省大臣官房 廃棄物・リサイクル対策部．

5. 環境省ホームページ http://www.env.go.jp/

第5章　環境行政関連法規　演習問題

問1　「動物の愛護及び管理に関する法律」に規定されている内容として、<u>間違っているも</u>のはどれか？

① 動物の飼い主は、できる限り、終生飼養に努めなければならない。

② 動物を扱うときは、その習性をよく知って、適正に取り扱わなければならない。

③ 動物の飼育によって周辺の生活環境を損なわないようにしなければならない。

④ 愛護動物をみだりに殺したり、傷つけたりすることを禁止している。

⑤ 愛護動物には、実験動物や産業動物は含まれない。

問2　「動物の愛護及び管理に関する法律」で定める「愛護動物」ではないものはどれか？

① めん羊

② 馬

③ 豚

④ 金魚

⑤ 猫

問3　「動物の愛護及び管理に関する法律」で定める動物の所有者等の責任について、<u>間違っているもの</u>はどれか？

① 動物から人にうつる感染症を予防するよう努める。

② 動物にマイクロチップ等の所有者明示をすることに努める。

③ 動物本来のあり方に反するので、繁殖制限はしてはならない。

④ 動物が他人に迷惑をかけないように注意する。

⑤ 動物が逃げ出さないように努める。

問4　「動物の愛護及び管理に関する法律」に関する記述として、正しいものはどれか？

① 都道府県等は、所有者から犬や猫の引取りを求められた場合は、絶対に拒否することはできない。

② 特定動物を飼養する場合は、環境大臣の許可が必要である。

③ ペットフードの安全性については規定していない。

④ 動物取扱業を非営利で行う場合には、特に規制はない。

⑤ 動物取扱責任者を配置する義務があるのはペットショップのみである。

動物医療関連法規 各論

解　答

問1 **正解 ⑤ 愛護動物には、実験動物や産業動物は含まれない。**

愛護動物とは、牛、馬、豚、めん羊、山羊、犬、猫、いえうさぎ、鶏、いえばと、あひる、及びこれら以外の人が占有している動物で、哺乳類、鳥類又は爬虫類に属するものをいう。したがって、実験動物や産業動物も愛護動物であり、みだりな殺傷、虐待や遺棄は禁止されている。

問2 **正解 ④ 金魚**

問1の解説を参照。金魚は愛護動物には含まれない。

問3 **正解 ③ 動物本来のあり方に反するので、繁殖制限はしてはならない。**

動物の所有者は、飼養している動物がみだりに繁殖して適正な飼育が難しくならないように、適切な繁殖制限を行うよう努めなければならない。

問4 **正解 ③ ペットフードの安全性については規定していない。**

終生飼養の原則に反する理由で犬や猫の引取りを求められた場合等は、都道府県は引取りを拒否することができる。特定動物を飼養する場合に必要なのは都道府県知事等の許可である。ペットフードの安全性について規定しているのは「ペットフード安全法」である。動物取扱業を非営利で行う場合には、第二種動物取扱業者として規制を受ける。動物取扱責任者を配置する義務があるのは第一種動物取扱業者（動物の販売、保管、貸出し、訓練、展示、競りあっせん、譲受飼養を業として行う者）である。

索　引

【あ】

愛がん動物用飼料の安全性の確保に関する法律 …… 10 ～ 12，39 ～ 44
一般廃棄物 …………………………… 90
一般法 ………………………………… 4
一般用医薬品 ………………………… 70
犬等の輸出入検疫規則 ……… 14，56
医薬品 ………………………………… 68
医薬品、医療機器等の品質、有効性及び安全性の確保等に関する法律 ………… 9 ～ 11，17，67 ～ 73
医薬品医療機器等法 ………… 9 ～ 11，17，67 ～ 73
　医薬品等の基準と検定 ………… 71
　医薬品等の取り扱い …………… 71
　医薬品の製造販売 ……………… 68
　医療機器・体外診断用医薬品の製造販売 ………………………… 70
　再生医療等製品の製造販売 …… 70
　定義 ……………………………… 68
　動物用医薬品の使用規制 ……… 72
医薬品等の基準と検定 …………… 71
医薬品等の取り扱い ……………… 71
医薬品の製造販売 ………………… 68
医薬部外品 ………………………… 68
医療機器 …………………………… 68
医療機器・体外診断用医薬品の製造販売 …………………………… 70
牛海綿状脳症（BSE） ……………… 45
牛海綿状脳症対策特別措置法 ……… 45
牛トレーサビリティー法 ………… 45
牛の個別識別のための情報の管理及び伝達に関する特別措置法 ……… 45
卸売販売業 ………………………… 71

【か】

介助犬・聴導犬の認定証 ………… 59
外来生物法 …………… 15，84，85
覚せい剤取締法 …………………… 74
化製場 ……………………………… 63
化製場等に関する法律 …………… 63
家畜伝染病 ………………………… 33

家畜伝染病予防法 …… 9 ～ 11，13，14，17，33 ～ 39
　汚染物品の焼却等の義務 ……… 37
　隔離の義務 ……………………… 35
　家畜伝染病の種類 ……………… 34
　家畜伝染病病原体の所持の許可 ………………………………… 39
　殺処分 …………………………… 37
　死体の焼却等の義務 …………… 37
　畜舎等の消毒の義務 …………… 37
　と殺の義務 ……………………… 37
　届出義務 ………………………… 35
　届出伝染病等病原体の所持の届出 ………………………………… 39
　届出伝染病の種類 ……………… 36
　発生の予防 ……………………… 35
　まん延の防止 …………………… 35
　輸出入検疫 ……………………… 38
学校飼育動物 ……………………… 12
家庭動物等の飼養及び保管に関する基準 ………………… 12，79
家庭廃棄物 ………………………… 91
科料 ………………………………… 6
鑑札 ………………………………… 55
監視伝染病 ………………… 14，35
慣習法 ……………………………… 3
感染症の予防及び感染症の患者に対する医療に関する法律 …… 11，14，15，17，49 ～ 55
感染症法 …………………… 11，14，15，17，49 ～ 55
感染性一般廃棄物 ………………… 91
感染性産業廃棄物 ………………… 91
患畜 ………………………………… 35
疑似患畜 …………………………… 35
疑似症患者 ………………………… 50
狂犬病予防員 ……………………… 55
狂犬病予防注射 …………………… 55
狂犬病予防法 ……………… 10，11，15，18，55，56
狂犬病予防法施行令 ……………… 55
強行法規 …………………………… 5
行政上の責任 ……………………… 5
禁錮 ………………………………… 5

刑事責任 …………………………… 5
刑の種類 …………………………… 5
刑法 …………………………… 5，11
劇薬 ………………………………… 71
検案書 ……………………………… 26
厚生労働省 ………………………… 16
公法 ………………………………… 4
拘留 ………………………………… 6
個人情報の保護 …………………… 13

【さ】

再生医療等製品 …………………… 68
再生医療等製品の製造販売 ……… 70
産業動物の飼養及び保管に関する基準 ………………………………… 79
産業廃棄物 ………………………… 90
飼育犬の登録 ……………………… 55
飼育動物 …………………… 9，27
死刑 ………………………………… 5
死産証明書 ………………………… 26
実験動物の飼養及び保管並びに苦痛の軽減に関する基準 ……………… 79
実体法 ……………………………… 5
湿地 ………………………………… 89
実定法 ……………………………… 4
指定医薬品 ………………………… 71
指定感染症 ………………… 50，53
指定検疫物 ………………… 14，38
指定動物 …………………………… 14
指定薬物 …………………… 68，72
私法 ………………………………… 4
事業系一般廃棄物 ………………… 91
社会規範 …………………………… 3
獣医師の届出義務 ………………… 13
獣医師法 …… 9 ～ 11，13，23 ～ 26
　応召義務 ………………………… 25
　業務の停止 ……………………… 25
　業務の独占 ……………………… 24
　獣医師の義務 …………………… 25
　獣医師の任務 …………………… 23
　獣医師法施行規則 ……………… 24
　獣医師免許 ……………………… 24
　診断書等の交付義務 …………… 26

95

診療簿及び検案簿の作成・保存 ………………………………… 26
届出義務 ……………………………… 26
保健衛生の指導 ……………………… 26
無診療治療等の禁止 ……………… 25
免許の取り消し …………………… 25
臨床研修 ……………………………… 25
獣医療法 …… 10，11，13，26〜29
広告の制限 ………………………… 28
診療施設の開設 …………………… 27
診療施設の管理 …………………… 27
診療施設の構造設備の基準 …… 27
診療施設の使用制限命令 ……… 27
住宅密集地における犬猫の適正飼養ガ
イドライン ……………………… 12
獣畜 ………………………… 10，63
出生証明書 ………………………… 26
種の保存法 ………………… 18，86
狩猟制度 …………………………… 88
条理 …………………………………… 4
省令 …………………………………… 3
条例 …………………………………… 3
食鳥検査 …………………………… 64
食鳥検査法 ………………… 17，63
食鳥処理の事業の規制及び食鳥検査に
関する法律 ……………… 17，63
食品衛生法 ………………… 17，64
飼料安全法 ………………… 16，44
飼料の安全性の確保及び品質の改善に
関する法律 ……………… 16，44
新型インフルエンザ等感染症 …… 50，
53
新感染症 …………………… 50，53
新疾病 ……………………………… 35
身体障害者補助犬健康管理手帳 … 60
身体障害者補助犬の衛生確保のための
健康管理ガイドライン ………… 61
身体障害者補助犬の表示 ……… 59
身体障害者補助犬法 ……… 18，56
診断書 ……………………………… 26
診療施設 …………………………… 27
診療簿の記載・保存義務 ……… 13
水産資源保護法 …………… 15，44
水産動物の輸入防疫対象疾病 …… 44

生産動物にかかわる法規 ………… 15
制定法 ………………………………… 3
成文法 ………………………………… 4
政令 …………………………………… 3
絶滅のおそれのある野生動植物の種の
国際取引に関する条約 …… 15，88
絶滅のおそれのある野生動植物の種の
保存に関する法律 ……… 18，86

【た】

第一種動物取扱業 ………… 11，79
体外診断用医薬品 ……………… 68
第二種動物取扱業 …… 11，79，81
注射済票 …………………………… 55
懲役 …………………………………… 5
鳥獣 ………………………………… 87
鳥獣の保護及び狩猟の適正化に関する
法律 ……………………… 15，87
鳥獣保護区 ………………………… 87
鳥獣保護法 ………………… 15，87
手続法 ………………………………… 5
展示動物 …………………………… 11
展示動物の飼養及び保管に関する基準
…………………………… 11，79
動物愛護管理基本指針 ………… 78
動物愛護管理条例 ………… 11，12
動物愛護管理推進計画 ………… 78
動物愛護管理法 ………… 11〜14，
77〜84
動物愛護週間 ……………………… 78
動物検疫 …………………………… 14
動物取扱業者 ……………………… 79
動物の愛護及び管理に関する法律
………………… 11〜14，77〜84
動物の輸入届出制度 …………… 15
動物用医薬品 ……………………… 13
動物用医薬品及び医薬品の使用の規制
に関する省令 ………………… 72
動物用医薬品検査所 …………… 71
動物用医薬品特例店舗販売業 … 71
動物用医薬品の休薬期間 ……… 73
動物用医薬品の使用規制 ……… 72
動物用医薬品の使用禁止期間 … 73

動物用医療機器 ………………… 13
特定外来生物 …………………… 85
特定外来生物による生態系等に係る被
害の防止に関する法律 ……… 15，
84，85
特定家畜伝染病防疫指針 ……… 35
特定動物 …………………………… 82
特定病原体 ………………………… 54
特に水鳥の生息地として国際的に重要
な湿地に関する条約 ………… 89
毒物及び劇物取締法 …………… 74
特別管理一般廃棄物 …………… 90
特別管理産業廃棄物 …………… 90
特別法 ………………………………… 4
毒薬 ………………………………… 71
と畜検査 …………………………… 63
と畜場 ……………………………… 63
と畜場法 …………… 10，17，63
届出伝染病 ………………………… 35
届出伝染病の種類 ……………… 36
トレーサビリティー …………… 17

【な】

内閣府食品安全委員会 ………… 16
日本薬局方 ………………………… 71
乳及び乳製品の成分規格等に関する省
令 ………………………………… 17
任意法規 ……………………………… 5
農林水産省 ………………………… 16

【は】

廃棄物 ……………………………… 90
廃棄物処理法 …… 10，11，90〜92
廃棄物の処理及び清掃に関する法律
………………… 10，11，90〜92
配置販売業 ………………………… 71
罰金 …………………………………… 5
伴侶動物にかかわる法規 ……… 11
伴侶動物の輸出入 ……………… 14
判例法 ………………………………… 3
人の感染症 ………………………… 49
付加刑 ………………………………… 6

96

不文法 ……………………………… 4
ペットフード ……………………… 39
ペットフード安全法 ……… 10 ～ 12,
　　　　　　　　　　　　39 ～ 44
法源 ……………………………… 3
法定伝染病 ……………………… 33
法の対象動物 …………………… 9
法の段階 ………………………… 3
ポジティブリスト制度 ………… 17
没収 ……………………………… 6

【ま】

麻薬及び向精神薬取締法 ………… 11,
　　　　　　　　　　　　13, 73
民事責任 ………………………… 5
民法 ……………………… 11, 12
無症状病原体保有者 …………… 50
盲導犬 …………………………… 60

【や】

薬局 ……………………………… 68
輸入検疫 ………………………… 17
要指導医薬品 ………………… 70, 72

【ら】

ラムサール条約 ………………… 89
レプトスピラ症 ………………… 35

【わ】

ワシントン条約 ……………… 15, 88

索引

付　録

獣医師法（抄）
獣医師法施行令（抜粋）
獣医師法施行規則（抜粋）

獣医療法（抄）
獣医療法施行規則（抜粋）

家畜伝染病予防法（抄）

愛がん動物用飼料の安全性の確保に関する法律（抄）

感染症の予防及び感染症の患者に対する医療に関する法律（抄）

狂犬病予防法（抄）
狂犬病予防法施行令（抜粋）
狂犬病予防法施行規則（抜粋）

身体障害者補助犬法（抄）

医薬品、医療機器等の品質、有効性及び安全性の確保等に関する法律（抄）

動物の愛護及び管理に関する法律（抄）
動物の愛護及び管理に関する法律施行規則（抜粋）

獣医師法（抄）
（昭和二十四年六月一日法律第百八十六号）

最終改正：平成二五年一二月一三日法律第一〇三号

第一章　総則

（獣医師の任務）

第一条　獣医師は、飼育動物に関する診療及び保健衛生の指導その他の獣医事をつかさどることによつて、動物に関する保健衛生の向上及び畜産業の発達を図り、あわせて公衆衛生の向上に寄与するものとする。

（定義）

第一条の二　この法律において「飼育動物」とは、一般に人が飼育する動物をいう。

（名称禁止）

第二条　獣医師でない者は、獣医師又は、これに紛らわしい名称を用いてはならない。

第二章　免許（抄）

（免許）

第三条　獣医師になろうとする者は、獣医師国家試験に合格し、かつ、実費を勘案して政令で定める額の手数料を納めて、農林水産大臣の免許を受けなければならない。

（免許を与えない場合）

第四条　次の各号のいずれかに該当する者には、前条の免許を与えない。

一　未成年者

二　成年被後見人又は被保佐人

第五条　次の各号のいずれかに該当する者には、第三条の免許を与えないことがある。

一　心身の障害により獣医師の業務を適正に行うことができない者として農林水産省令で定めるもの

二　麻薬、大麻又はあへんの中毒者

三　罰金以上の刑に処せられた者

四　前号に該当する者を除くほか、獣医師道に対する重大な背反行為若しくは獣医事に関する不正の行為があつた者又は著しく徳性を欠くことが明らかな者

五　第八条第二項第四号に該当して免許を取り消された者

2　前項各号のいずれかに該当する者から免許の申請があつたときは、農林水産大臣は、獣医事審議会の意見を聴いて免許を与えるかどうかを決定しなければならない。

（獣医師名簿）

第六条　農林水産省に獣医師名簿を備え、獣医師の免許に関する事項を登録する。

（登録及び免許証）

第七条　第三条の免許は、獣医師名簿に登録することによつて与えられる。

2　農林水産大臣は、第三条の免許を与えたときは、獣医師免許証を交付する。

（免許の取消し及び業務の停止）

第八条　獣医師が第四条各号の一に該当するとき、又は獣医師から申請があつたときは、農林水産大臣は、その免許を取り消さなければならない。

2　獣医師が次の各号の一に該当するときは、農林水産大臣は、獣医事審議会の意見を聴いて、その免許を取り消し、又は期間を定めて、その業務の停止を命ずることができる。

一　第十九条第一項の規定に違反して診療を拒んだとき。

二　第二十二条の規定による届出をしなかつたとき。

三　前二号の場合のほか、第五条第一項第一号から第四号までの一に該当するとき。

四　獣医師としての品位を損ずるような行為をしたとき。

3〜7　（略）

第九条　（略）

第三章　試験（抄）

第十条〜第十六条　（略）

（臨床研修）

第十六条の二　診療を業務とする獣医師は、免許を受けた後も、大学の獣医学に関する学部若しくは学科の附属施設である飼育動物の診療施設（以下単に「診療施設」という。）又は農林水産大臣の指定する診療施設において、臨床研修を行うように努めるものとする。

2〜3　（略）

第十六条の三〜第十六条の五　（略）

第四章　業務（抄）

（飼育動物診療業務の制限）

第十七条　獣医師でなければ、飼育動物（牛、馬、めん羊、山羊、豚、犬、猫、鶏、うずらその他獣医師が診療を行う必要があるものとして政令で定めるものに限る。）の診療を業務としてはならない。

（診断書の交付等）

第十八条　獣医師は、自ら診察しないで診断書を交付し、若しくは劇毒薬、生物学的製剤その他農林水産省令で定める医薬品の投与若しくは処方若しくは再生医療等製品（医薬品、医療機器等の品質、有効性及び安全性の確保等に関する法律（昭和三十五年法律第百四十五号）第二条第九項に規定する再生医療等製品をいい、農林水産省令で定めるものに限る。第二十九条第二号において同じ。）の使用若しくは処方をし、自ら出産に立ち会わないで出生証明書若しくは死産証明書を交付し、又は自ら検案しないで検案書を交

付してはならない。ただし、診療中死亡した場合に交付する死亡診断書については、この限りでない。

（診療及び診断書等の交付の義務）
第十九条　診療を業務とする獣医師は、診療を求められたときは、正当な理由がなければ、これを拒んではならない。
2　診療し、出産に立ち会い、又は検案をした獣医師は、診断書、出生証明書、死産証明書又は検案書の交付を求められたときは、正当な理由がなければ、これを拒んではならない。

（保健衛生の指導）
第二十条　獣医師は、飼育動物の診療をしたときは、その飼育者に対し、飼育に係る衛生管理の方法その他飼育動物に関する保健衛生の向上に必要な事項の指導をしなければならない。

（診療簿及び検案簿）
第二十一条　獣医師は、診療をした場合には、診療に関する事項を診療簿に、検案をした場合には、検案に関する事項を検案簿に、遅滞なく記載しなければならない。
2　獣医師は、前項の診療簿及び検案簿を三年以上で農林水産省令で定める期間保存しなければならない。
3〜5　（略）

（届出義務）
第二十二条　獣医師は、農林水産省令で定める二年ごとの年の十二月三十一日現在における氏名、住所その他農林水産省令で定める事項を、当該年の翌年一月三十一日までに、その住所地を管轄する都道府県知事を経由して、農林水産大臣に届け出なければならない。
第二十三条　（略）

第五章　獣医事審議会

第二十四条〜第二十六条　（略）

第六章　罰則

第二十七条　次の各号の一に該当する者は、二年以下の懲役若しくは百万円以下の罰金に処し、又はこれを併科する。
　一　第十七条の規定に違反して獣医師でなくて飼育動物の診療を業務とした者
　二　虚偽又は不正の事実に基づいて、獣医師の免許を受けた者

第二十八条　第八条第二項の規定による業務の停止の命令に違反した者は、一年以下の懲役若しくは五十万円以下の罰金に処し、又はこれを併科する。

第二十九条　次の各号のいずれかに該当する者は、二十万円以下の罰金に処する。
　一　第二条の規定に違反して獣医師又はこれに紛らわしい名称を用いた者
　二　第十八条の規定に違反して診断書、出生証明書、死産証明書若しくは検案書を交付し、又は劇毒薬、生物学的製剤その他農林水産省令で定める医薬品の投与若しくは処方若しくは再生医療等製品の使用若しくは処方をした者
　三　第十九条第二項の規定に違反して診断書、出生証明書、死産証明書又は検案書の交付を拒んだ者
　四　第二十一条第一項の規定に違反して診療簿若しくは検案簿に記載せず、又は診療簿若しくは検案簿に虚偽の記載をした者
　五　第二十一条第二項の規定に違反して診療簿又は検案簿を保存しなかつた者
　六　第二十一条第三項の規定による検査を拒み、妨げ、又は忌避した者

獣医師法施行令（抜粋）
（平成四年八月七日政令第二百七十三号）

最終改正：平成一六年三月一七日政令第三七号）

（飼育動物の種類）
第二条　法第十七条の政令で定める飼育動物は、次のとおりとする。
　一　オウム科全種
　二　カエデチョウ科全種
　三　アトリ科全種

獣医師法施行規則（抜粋）
（昭和二十四年九月十四日農林省令第九十三号）

最終改正：平成二六年一一月一八日農林水産省令第五八号）

（心身の障害により獣医師の業務を適正に行うことができない者）
第一条の二　法第五条第一項第一号の農林水産省令で定める者は、次の各号のいずれかに該当する者とする。
　一　視覚、聴覚、音声機能若しくは言語機能又は精神の機能の障害により獣医師の業務を適正に行うに当たつて必要な認知、判断及び意思疎通を適切に行うことができない者
　二　上肢の機能の障害により獣医師の業務を適正に行うに当たつて必要な技能を十分に発揮することができない者

（臨床研修の実施期間）

第十条の二　法第十六条の二第一項の規定による臨床研修の実施の期間は、六月以上とする。

（医薬品）

第十条の五　法第十八条の農林水産省令で定める医薬品は、次のとおりとする。

一　医薬品、医療機器等の品質、有効性及び安全性の確保等に関する法律（昭和三十五年法律第百四十五号）第四十九条第一項（同法第八十三条第一項の規定により読み替えて適用する場合を含む。）の規定に基づき厚生労働大臣又は農林水産大臣が指定した医薬品

二　医薬品、医療機器等の品質、有効性及び安全性の確保等に関する法律第八十三条の四第一項又は第八十三条の五第一項の規定に基づき農林水産大臣が使用者が遵守すべき基準を定めた医薬品

（診療簿及び検案簿）

第十一条　法第二十一条第一項の診療簿には、少なくとも次の事項を記載しなければならない。

一　診療の年月日

二　診療した動物の種類、性、年令（不明のときは推定年令）、名号、頭羽数及び特徴

三　診療した動物の所有者又は管理者の氏名又は名称及び住所

四　病名及び主要症状

五　りん告

六　治療方法（処方及び処置）

2　法第二十一条第一項の検案簿には、少なくとも次の事項を記載しなければならない。

一　検案の年月日

二　検案した動物の種類、性、年令（不明のときは推定年令）、名号、特徴並びに所有者又は管理者の氏名又は名称及び住所

三　死亡年月日時（不明のときは推定年月日時）

四　死亡の場所

五　死亡の原因

六　死体の状態

七　解剖の主要所見

（診療簿及び検案簿の保存期間）

第十一条の二　法第二十一条第二項の農林水産省令で定める期間は、牛、水牛、しか、めん羊及び山羊の診療簿及び検案簿にあつては八年間、その他の動物の診療簿及び検案簿にあつては三年間とする。

獣医療法（抄）

（平成四年五月二十日法律第四十六号）

最終改正：平成二三年八月三〇日法律第一〇五号

（目的）

第一条　この法律は、飼育動物の診療施設の開設及び管理に関し必要な事項並びに獣医療を提供する体制の整備のために必要な事項を定めること等により、適切な獣医療の確保を図ることを目的とする。

（定義）

第二条　この法律において「飼育動物」とは、獣医師法（昭和二十四年法律第百八十六号）第一条の二に規定する飼育動物をいう。

2　この法律において「診療施設」とは、獣医師が飼育動物の診療の業務を行う施設をいう。

（診療施設の開設の届出）

第三条　診療施設を開設した者（以下「開設者」という。）は、その開設の日から十日以内に、当該診療施設の所在地を管轄する都道府県知事に農林水産省令で定める事項を届け出なければならない。当該診療施設を休止し、若しくは廃止し、又は届け出た事項を変更したときも、同様とする。

（診療施設の構造設備の基準）

第四条　診療施設の構造設備は、農林水産省令で定める基準に適合したものでなければならない。

（診療施設の管理）

第五条　開設者は、自ら獣医師であってその診療施設を管理する場合のほか、獣医師にその診療施設を管理させなければならない。

2　前項の規定により診療施設を管理する者（以下「管理者」という。）が、その構造設備、医薬品その他の物品の管理及び飼育動物の収容につき遵守すべき事項については、農林水産省令で定める。

（診療施設の使用制限命令等）

第六条　都道府県知事は、診療施設の構造設備が第四条の基準に適合していないと認めるとき、又は診療施設に関し前条第二項に規定する事項が遵守されていないと認めるときは、その開設者に対し、期間を定めて、その全部若しくは一部の使用を制限し、若しくは禁止し、又は期限を定めて、修繕若しくは改築を行うべきことその他必要な措置を講ずべきことを命ずることができる。

（往診診療者等への適用等）

第七条　往診のみによって飼育動物の診療の業務を自ら行う獣医師及び往診のみによって獣医師に飼育動物の診療の業務を行わせる者（以下「往診診療者等」という。）については、その住所を診療施設とみなして、第三条の規定を適用する。

2～3　（略）

（報告の徴収及び立入検査）

第八条　農林水産大臣又は都道府県知事は、この法律の施行に必要な限度において、開設者若しくは管理者に対し、必要な報告を命じ、又はその職員に、診療施設に立ち入り、その構造設備、業務の状況若しくは帳簿、書類その他の物件を検査させることができる。

2～4　（略）

第九条　（略）

（獣医療を提供する体制の整備のための基本方針）

第十条　農林水産大臣は、獣医療を提供する体制の整備を図るための基本方針（以下「基本方針」という。）を定めなければならない。

2～5　（略）

（都道府県計画）

第十一条　都道府県は、基本方針に即して、農林水産省令で定めるところにより、当該都道府県における獣医療を提供する体制の整備を図るための計画（以下「都道府県計画」という。）を定めることができる。

2～4　（略）

第十二条～第十六条　（略）

（広告の制限）

第十七条　何人も、獣医師（獣医師以外の往診診療者等を含む。第二号を除き、以下この条において同じ。）又は診療施設の業務に関しては、次に掲げる事項を除き、その技能、療法又は経歴に関する事項を広告してはならない。

一　獣医師又は診療施設の専門科名

二　獣医師の学位又は称号

2　前項の規定にかかわらず、獣医師又は診療施設の業務に関する技能、療法又は経歴に関する事項のうち、広告しても差し支えないものとして農林水産省令で定めるものは、広告することができる。この場合において、農林水産省令で定めるところにより、その広告の方法その他の事項について必要な制限をすることができる。

3　（略）

第十八条　削除

第十九条　（略）

（罰則）

第二十条　次の各号の一に該当する者は、五十万円以下の罰金に処する。

一　第六条又は第七条第三項の規定による命令に違反した者

二　第十七条第一項の規定に違反した者

第二十一条　次の各号の一に該当する者は、二十万円以下の罰金に処する。

一　第三条の規定に違反して届出をせず、又は虚偽の届出をした者

二　第五条第一項（第七条第二項において準用する場合を含む。）の規定に違反した者

三　第八条第一項若しくは第二項の規定による報告をせず、若し

くは虚偽の報告をし、同条第一項の規定による検査を拒み、妨げ、若しくは忌避し、又は同条第二項の規定による物件の提出をしなかった者

第二十二条　法人の代表者又は法人若しくは人の代理人、使用人その他の従業者が、その法人又は人の業務に関し、前二条の違反行為をしたときは、行為者を罰するほか、その法人又は人に対しても、各本条の刑を科する。

獣医療法施行規則（抜粋）
（平成四年八月二十五日農林水産省令第四十四号）

最終改正：平成二六年一一月一八日農林水産省令第五八号

（診療施設の構造設備の基準）
第二条　法第四条の農林水産省令で定める診療施設の構造設備の基準は、次のとおりとする。
一　飼育動物の逸走を防止するために必要な設備を設けること。
二　伝染性疾病にかかっている疑いのある飼育動物を収容する設備には、他の飼育動物への感染を防止するために必要な設備を設けること。
三　消毒設備を設けること。
四　調剤を行う施設にあっては、次のとおりとすること。
　イ　採光、照明及び換気を十分にし、かつ、清潔を保つこと。
　ロ　冷暗貯蔵のための設備を設けること。
　ハ　調剤に必要な器具を備えること。
五　手術を行う施設は、その内壁及び床が耐水性のもので覆われたものであることその他の清潔を保つことができる構造であること。
六　放射線に関する構造設備の基準は、第六条から第六条の十一までに定めるところによること。

（管理者の遵守事項等）
第三条　法第五条第二項の農林水産省令で定める診療施設の管理者が遵守すべき事項は、次のとおりとする。
一　飼育動物を収容する設備（以下「収容設備」という。）には、収容可能な頭数を超えて飼育動物を収容しないこと。
二　収容設備でない場所に飼育動物を収容しないこと。
三　飼育動物の逸走を防止するために必要な措置を講ずること。
四　収容設備内における他の飼育動物への感染を防止するために必要な措置を講ずること。
五　覚せい剤取締法（昭和二十六年法律第二百五十二号）、麻薬及び向精神薬取締法（昭和二十八年法律第十四号）及び医薬品医療機器等法の規定に違反しないよう必要な注意をすること。
六　常に清潔を保つこと。
七　採光、照明及び換気を適切に行うこと。
八　放射線に関し遵守すべき事項は、第七条から第二十条までに定めるところによること。
2　診療施設の管理者は、前項各号に掲げる事項を遵守するため、当該診療施設に勤務する獣医師その他の従業者を監督し、必要な注意をしなければならない。
3　診療施設の管理者は、この省令の規定を遵守するために必要と認めるときは、当該診療施設の開設者に対し、診療施設の構造設備の改善その他必要な措置を講ずべきことを要求するものとする。
4　診療施設の開設者は、前項の規定により要求を受けたときは、直ちに必要な措置を講ずるものとする。

（広告制限の特例）
第二十四条　法第十七条第二項前段の農林水産省令で定める事項は、

次のとおりとする。
一　獣医師法（昭和二十四年法律第百八十六号）第六条の獣医師名簿への登録年月日をもって同法第三条の規定による免許を受けていること及び第一条第一項第四号の開設の年月日をもって診療施設を開設していること。
二　医薬品医療機器等法第二条第四項に規定する医療機器を所有していること。
三　家畜改良増殖法（昭和二十五年法律第二百九号）第三条の三第二項第四号に規定する家畜体内受精卵の採取を行うこと。
四　犬又は猫の生殖を不能にする手術を行うこと。
五　狂犬病その他の動物の疾病の予防注射を行うこと。
六　医薬品であって、動物のために使用されることが目的とされているものによる犬糸状虫症の予防措置を行うこと。
七　飼育動物の健康診断を行うこと。
八　家畜伝染病予防法（昭和二十六年法律第百六十六号）第五十三条第三項に規定する家畜防疫員であること。
九　家畜伝染病予防法第六十二条の二第二項に規定する家畜の伝染性疾病の予防のための自主的措置を実施することを目的として設立された一般社団法人又は一般財団法人から当該措置に係る診療を行うことにつき委託を受けていること。
十　獣医療に関する技術の向上及び獣医事に関する学術研究に寄与することを目的として設立された一般社団法人又は一般財団法人の会員であること。
十一　獣医師法第十六条の二第一項に規定する農林水産大臣の指定する診療施設であること。
十二　農業災害補償法（昭和二十二年法律第百八十五号）第十二条第三項に規定する組合等（以下「組合等」という。）若しくは農業共済組合連合会から同法第九十六条の二第一項（同法第百三十二条第一項において準用する場合を含む。）に規定する施設として診療を行うことにつき委託を受けていること又は組合員等（同法第十二条第一項に規定する組合員等をいう。）の委託を受けて共済金の支払を受けることができる旨の契約を組合等と締結していること。
2　法第十七条第二項後段の農林水産省令で定める制限は、次のとおりとする。
一　前項第二号及び第四号から第七号までに掲げる事項を広告する場合にあっては、提供される獣医療の内容が他の獣医師又は診療施設と比較して優良である旨を広告してはならないこと。
二　前項第二号及び第四号から第七号までに掲げる事項を広告する場合にあっては、提供される獣医療の内容に関して誇大な広告を行ってはならないこと。
三　前項第四号から第七号までに掲げる事項を広告する場合にあっては、提供される獣医療に要する費用を併記してはならないこと。

家畜伝染病予防法（抄）
（昭和二十六年五月三十一日法律第百六十六号）

最終改正：平成二六年六月一三日法律第六九号
（最終改正までの未施行法令）
平成二十六年六月十三日法律第六十九号（未施行）

第一章　総則（抄）

（目的）
第一条　この法律は、家畜の伝染性疾病（寄生虫病を含む。以下同じ。）の発生を予防し、及びまん延を防止することにより、畜産の振興を図ることを目的とする。

（定義）
第二条　この法律において「家畜伝染病」とは、次の表の上欄に掲げる伝染性疾病であつてそれぞれ相当下欄に掲げる家畜及び当該伝染性疾病ごとに政令で定めるその他の家畜についてのものをいう。

伝染性疾病の種類	家畜の種類
一　牛疫	牛、めん羊、山羊、豚
二　牛肺疫	牛
三　口蹄疫	牛、めん羊、山羊、豚
四　流行性脳炎	牛、馬、めん羊、山羊、豚
五　狂犬病	牛、馬、めん羊、山羊、豚
六　水胞性口炎	牛、馬、豚
七　リフトバレー熱	牛、めん羊、山羊
八　炭疽	牛、馬、めん羊、山羊、豚
九　出血性敗血症	牛、めん羊、山羊、豚
十　ブルセラ病	牛、めん羊、山羊、豚
十一　結核病	牛、山羊
十二　ヨーネ病	牛、めん羊、山羊
十三　ピロプラズマ病（農林水産省令で定める病原体によるものに限る。以下同じ。）	牛、馬
十四　アナプラズマ病（農林水産省令で定める病原体によるものに限る。以下同じ。）	牛
十五　伝達性海綿状脳症	牛、めん羊、山羊
十六　鼻疽	馬
十七　馬伝染性貧血	馬
十八　アフリカ馬疫	馬
十九　小反芻獣疫	めん羊、山羊
二十　豚コレラ	豚
二十一　アフリカ豚コレラ	豚
二十二　豚水胞病	豚
二十三　家きんコレラ	鶏、あひる、うずら
二十四　高病原性鳥インフルエンザ	鶏、あひる、うずら
二十五　低病原性鳥インフルエンザ	鶏、あひる、うずら
二十六　ニューカッスル病（病原性が高いものとして農林水産省令で定めるものに限る。以下同じ。）	鶏、あひる、うずら
二十七　家きんサルモネラ感染症（農林水産省令で定める病原体によるものに限る。以下同じ。）	鶏、あひる、うずら
二十八　腐蛆病	蜜蜂

2　この法律において「患畜」とは、家畜伝染病（腐蛆病を除く。）にかかつている家畜をいい、「疑似患畜」とは、患畜である疑いがある家畜及び牛疫、牛肺疫、口蹄疫、狂犬病、豚コレラ、アフリカ豚コレラ、高病原性鳥インフルエンザ又は低病原性鳥インフルエンザの病原体に触れたため、又は触れた疑いがあるため、患畜となるおそれがある家畜をいう。

3　（略）

（管理者に対する適用）
第三条　この法律中家畜、物品又は施設の所有者に関する規定（第五十六条及び第五十八条から第六十条の二までの規定を除く。）は、当該家畜、物品又は施設を管理する所有者以外の者（鉄道、軌道、自動車、船舶又は航空機による運送業者で当該家畜、物品又は施設の運送の委託を受けた者を除く。）があるときは、その者に対して適用する。

（特定家畜伝染病防疫指針等）
第三条の二　農林水産大臣は、家畜伝染病のうち、特に総合的に発生の予防及びまん延の防止のための措置を講ずる必要があるものとして農林水産省令で定めるものについて、家畜が患畜又は疑似患畜であるかどうかを判定するために必要な検査、当該家畜伝染病の発生を予防し、又はそのまん延を防止するために必要な消毒及び家畜等の移動の制限その他当該家畜伝染病に応じて必要となる措置を総合的に実施するための指針（以下この条において「特定家畜伝染病防疫指針」という。）を作成し、公表するものとする。

2　農林水産大臣は、前項に規定するもののほか、同項の農林水産省令で定める家畜伝染病のまん延を防止するため緊急の必要があるときは、家畜の種類並びに地域及び期間を指定し、当該家畜伝染病について、その発生の状況に応じて必要となる措置を緊急に実施するための指針（次項において「特定家畜伝染病緊急防疫指針」という。）を作成し、公表するものとする。

3　都道府県知事、家畜防疫員及び市町村長は、特定家畜伝染病防疫指針及び特定家畜伝染病緊急防疫指針に基づき、この法律の規定による家畜伝染病の発生の予防及びまん延の防止のための措置を講ずるものとする。この場合において、都道府県知事は、必要があると認めるときは、市町村長に対し、当該措置の実施に関し、協力を求めることができる。

4　農林水産大臣は、次項に規定するもののほか、都道府県知事及び市町村長に対し、前項の措置の実施に関し、必要な情報の提供、助言その他の援助を行うものとする。

5　農林水産大臣は、二以上の都道府県の区域にわたり第一項の農林水産省令で定める家畜伝染病がまん延し、又はまん延するおそれがあるときは、都道府県知事に対し、第三項の措置の実施に関し、都道府県の区域を超えた広域的な見地からの助言その他の援助を行うものとする。

6　農林水産大臣は、最新の科学的知見及び国際的動向を踏まえ、少なくとも三年ごとに特定家畜伝染病防疫指針に再検討を加え、必要があると認めるときは、これを変更するものとする。

7　農林水産大臣は、特定家畜伝染病防疫指針を作成し、変更し、又

は廃止しようとするときは、食料・農業・農村政策審議会の意見を聴くとともに、都道府県知事の意見を求めなければならない。

第二章　家畜の伝染性疾病の発生の予防（抄）

（伝染性疾病についての届出義務）

第四条　家畜が家畜伝染病以外の伝染性疾病（農林水産省令で定めるものに限る。以下「届出伝染病」という。）にかかり、又はかかつている疑いがあることを発見したときは、当該家畜を診断し、又はその死体を検案した獣医師は、農林水産省令で定める手続に従い、遅滞なく、当該家畜又はその死体の所在地を管轄する都道府県知事にその旨を届け出なければならない。

2　農林水産大臣は、前項の伝染性疾病を定める農林水産省令を制定し、又は改廃しようとするときは、厚生労働大臣の公衆衛生の見地からの意見を聴くとともに、食料・農業・農村政策審議会の意見を聴かなければならない。

3　第一項の規定は、家畜が届出伝染病にかかり、又はかかつている疑いがあることを第四十条又は第四十五条の規定による検査中に発見した場合その他農林水産省令で定める場合には、適用しない。

4　都道府県知事は、第一項の規定による届出があつたときは、農林水産省令で定める手続に従い、その旨を当該家畜又はその死体の所在地を管轄する市町村長に通報するとともに農林水産大臣に報告しなければならない。

（新疾病についての届出義務）

第四条の二　家畜が既に知られている家畜の伝染性疾病とその病状又は治療の結果が明らかに異なる疾病（以下「新疾病」という。）にかかり、又はかかつている疑いがあることを発見したときは、当該家畜を診断し、又はその死体を検案した獣医師は、農林水産省令で定める手続に従い、遅滞なく、当該家畜又はその死体の所在地を管轄する都道府県知事にその旨を届け出なければならない。

2　前項の規定は、家畜が新疾病にかかり、又はかかつている疑いがあることを第四十条又は第四十五条の規定による検査中に発見した場合その他農林水産省令で定める場合には、適用しない。

3　第一項の規定による届出を受けた都道府県知事は、当該届出に係る家畜又はその死体の所有者に対し、当該家畜又はその死体について家畜防疫員の検査を受けるべき旨を命ずるものとする。

4　都道府県知事は、前項の検査により当該家畜がかかり、又はかかつている疑いがある疾病が、新疾病であり、かつ、家畜の伝染性疾病であることが判明した場合において、当該疾病の発生を予防することが必要であると認めるときは、農林水産省令で定める手続に従い、その旨を農林水産大臣に報告し、かつ、当該家畜又はその死体の所在地を管轄する市町村長に通報しなければならない。

5　都道府県知事は、前項の場合には、同項の家畜の伝染性疾病の発生の状況を把握し、当該疾病の病原及び病因を検索するため、家畜又はその死体の所有者に対し、家畜又はその死体について家畜防疫員の検査を受けるべき旨を命ずるものとする。

6　前項の規定による命令は、農林水産省令で定める手続に従い、その実施期日の三日前までに次に掲げる事項を公示して行う。
　　一　実施の目的
　　二　実施する区域
　　三　実施の対象となる家畜又はその死体の種類及び範囲
　　四　実施の期日
　　五　検査の方法

7　農林水産大臣は、第四項の規定による報告を受けたときは、同項の家畜の伝染性疾病の発生を予防するために必要な試験研究、情報収集等を行うよう努めなければならない。

（監視伝染病の発生の状況等を把握するための検査等）

第五条　都道府県知事は、農林水産省令の定めるところにより、家畜又はその死体の所有者に対し、家畜又はその死体について、家畜伝染病又は届出伝染病（以下「監視伝染病」と総称する。）の発生を予防し、又はその発生を予察するため必要があるときは、その発生の状況及び動向（以下この条において「発生の状況等」という。）を把握するための家畜防疫員の検査を受けるべき旨を命ずることができる。

2～7　（略）

（注射、薬浴又は投薬）

第六条　都道府県知事は、特定疾病（第四条の二第五項の検査の実施の目的として公示されたものをいう。以下同じ。）又は監視伝染病の発生を予防するため必要があるときは、家畜の所有者に対し、家畜について家畜防疫員の注射、薬浴又は投薬を受けるべき旨を命ずることができる。

2　前項の規定による命令には、前条第二項の規定を準用する。この場合において、同項第五号中「検査の」とあるのは、「注射、薬浴又は投薬の別及びその」と読み替えるものとする。

第七条～第八条　（略）

（消毒設備の設置等の義務）

第八条の二　政令で定める家畜の所有者は、農林水産省令の定めるところにより、畜舎その他の農林水産省令で定める施設及びその敷地（農林水産省令で定める敷地を除く。）の出入口付近に、特定疾病又は監視伝染病の発生を予防するために必要な消毒をする設備を設置しなければならない。

2　前項の設備が設置されている同項の施設に入る者は、農林水産省令の定めるところにより、あらかじめ、当該設備を利用して、自らその身体を消毒するとともに、当該施設に持ち込む物品であつて農林水産省令で定めるものを消毒しなければならない。

3　第一項の設備が設置されている同項の施設の敷地に車両を入れる者は、農林水産省令の定めるところにより、あらかじめ、当該設備を利用して、当該車両を消毒しなければならない。

（消毒方法等の実施）

第九条　都道府県知事は、特定疾病又は監視伝染病の発生を予防するため必要があるときは、区域を限り、家畜の所有者に対し、農林水産省令の定めるところにより、消毒方法、清潔方法又はねずみ、昆虫等の駆除方法を実施すべき旨を命ずることができる。

第十条～第十一条　（略）

（家畜集合施設についての制限）

第十二条　競馬、家畜市場、家畜共進会等家畜を集合させる催物であつて農林水産大臣の指定するものの開催者は、その開催中、農林水産省令の定めるところにより、家畜診断所、隔離所、汚物だめその他特定疾病又は監視伝染病の発生を予防するために必要な設備を備えなければならない。

2　前項の規定により家畜診断所を備えなければならない催物の開催者は、その開催中、その家畜診断所において特定疾病又は監視伝染病にかかつていないと診断された家畜以外の家畜をその開催の場所においてけい留させてはならない。ただし、前項の隔離所にけい留する場合は、この限りでない。

第十二条の二　（略）

（飼養衛生管理基準）

第十二条の三 　農林水産大臣は、政令で定める家畜について、その飼養規模の区分に応じ、農林水産省令で、当該家畜の飼養に係る衛生管理（第二十一条第一項の規定による焼却又は埋却が必要となる場合に備えた土地の確保その他の措置を含む。以下同じ。）の方法に関し家畜の所有者が遵守すべき基準（以下「飼養衛生管理基準」という。）を定めなければならない。

2　飼養衛生管理基準が定められた家畜の所有者は、当該飼養衛生管理基準に定めるところにより、当該家畜の飼養に係る衛生管理を行わなければならない。

3　農林水産大臣は、少なくとも五年ごとに飼養衛生管理基準に再検討を加え、必要があると認めるときは、これを改正するものとする。

4　農林水産大臣は、飼養衛生管理基準を設定し、改正し、又は廃止しようとするときは、食料・農業・農村政策審議会の意見を聴くとともに、都道府県知事の意見を求めなければならない。

（定期の報告）

第十二条の四 　飼養衛生管理基準が定められた家畜の所有者は、毎年、農林水産省令の定めるところにより、その飼養している当該家畜の頭羽数及び当該家畜の飼養に係る衛生管理の状況に関し、農林水産省令で定める事項を当該家畜の所在地を管轄する都道府県知事に報告しなければならない。

2　都道府県知事は、前項の規定による報告を受けたときは、農林水産省令の定めるところにより、遅滞なく、当該報告に係る事項を当該家畜の所在地を管轄する市町村長に通知しなければならない。

（指導及び助言）

第十二条の五 　都道府県知事は、飼養衛生管理基準が定められた家畜の飼養に係る衛生管理が適正に行われることを確保するため必要があるときは、当該家畜の所有者に対し、当該飼養衛生管理基準に定めるところにより当該家畜の飼養に係る衛生管理が行われるよう必要な指導及び助言をすることができる。

（勧告及び命令）

第十二条の六 　都道府県知事は、前条の指導又は助言をした場合において、家畜の所有者がなお飼養衛生管理基準を遵守していないと認めるときは、その者に対し、期限を定めて、家畜の飼養に係る衛生管理の方法を改善すべきことを勧告することができる。

2　都道府県知事は、前項の規定による勧告を受けた者がその勧告に従わないときは、その者に対し、期限を定めて、その勧告に係る措置をとるべきことを命ずることができる。

第十二条の七 　（略）

第三章　家畜伝染病のまん延の防止（抄）

（患畜等の届出義務）

第十三条 　家畜が患畜又は疑似患畜となつたことを発見したときは、当該家畜を診断し、又はその死体を検案した獣医師（獣医師による診断又は検案を受けていない家畜又はその死体についてはその所有者）は、農林水産省令で定める手続に従い、遅滞なく、当該家畜又はその死体の所在地を管轄する都道府県知事にその旨を届け出なければならない。ただし、鉄道、軌道、自動車、船舶又は航空機により運送業者が運送中の家畜については、当該家畜の所有者がなすべき届出は、その者が遅滞なくその届出をすることができる場合を除き、運送業者がしなければならない。

2　前項ただし書に規定する家畜についての同項の規定による届出は、運輸上支障があるときは、当該貨物の終着地を管轄する都道府県知事にすることができる。

3　第一項の規定は、家畜が患畜又は疑似患畜であることを第四十条又は第四十五条の規定による検査中に発見した場合その他農林水産省令で定める場合には、適用しない。

4　都道府県知事は、第一項の規定による届出があつたときは、農林水産省令で定める手続に従い、遅滞なく、その旨を公示するとともに当該家畜又はその死体の所在地を管轄する市町村長及び隣接市町村長並びに関係都道府県知事に通報し、かつ、農林水産大臣に報告しなければならない。

（農林水産大臣の指定する症状を呈している家畜の届出義務）

第十三条の二 　家畜が農林水産大臣が家畜の種類ごとに指定する症状を呈していることを発見したときは、当該家畜を診断し、又はその死体を検案した獣医師（獣医師による診断又は検案を受けていない家畜又はその死体については、その所有者）は、農林水産省令で定める手続に従い、遅滞なく、当該家畜又はその死体の所在地を管轄する都道府県知事にその旨を届け出なければならない。

2　前項の規定による届出には、前条第一項ただし書及び第二項の規定を準用する。

3　第一項の規定は、家畜が患畜又は疑似患畜となつたことを発見した場合、家畜が同項の症状を呈していることを第四十条又は第四十五条の規定による検査中に発見した場合その他農林水産省令で定める場合には、適用しない。

4　都道府県知事は、第一項の規定による届出があつたときは、農林水産省令で定める手続に従い、遅滞なく、農林水産大臣にその旨を報告しなければならない。この場合において、当該届出に係る症状を呈している家畜が農林水産省令で定める要件に該当するときは、農林水産大臣の指定する検体を家畜防疫員に採取させ、その報告の際に、これを農林水産大臣に提出しなければならない。

5　農林水産大臣は、前項の規定による報告を受けたときは、当該報告に係る家畜が患畜又は疑似患畜であるかどうかを判定し、農林水産省令で定める手続に従い、遅滞なく、その結果を当該報告をした都道府県知事に通知しなければならない。

6　農林水産大臣は、第四項後段の場合を除き、前項の規定による判定をするため必要があるときは、第四項の規定による報告をした都道府県知事に対し、家畜防疫員に採取させた同項の農林水産大臣の指定する検体の提出を求めることができる。

7　都道府県知事は、第五項の規定による判定の結果の通知があつたときは、農林水産省令で定める手続に従い、遅滞なく、その結果を当該通知に係る家畜又はその死体の所有者（当該家畜又はその死体の所有者以外の者が第一項の規定による届出をした場合にあつては、当該届出をした者及び当該家畜又はその死体の所有者）に通知しなければならない。

8　都道府県知事は、第五項の規定により当該家畜が患畜又は疑似患畜である旨の通知があつたときは、農林水産省令で定める手続に従い、遅滞なく、その旨を公示するとともに当該家畜又はその死体の所在地を管轄する市町村長及び隣接市町村長並びに関係都道府県知事に通報しなければならない。

（隔離の義務）

第十四条 　患畜又は疑似患畜の所有者は、遅滞なく、当該家畜を隔離しなければならない。但し、次項の規定による家畜防疫員の指示があつたときにおいて、その指示に従つて隔離を解く場合は、この限りでない。

2　家畜防疫員は、前項の規定により隔離された家畜につき隔離を必

要としないと認めるときは、その者に対し、隔離を解いてもよい旨を指示し、又はその指示にあわせて、家畜伝染病のまん延を防止するため必要な限度において、けい留、一定の範囲をこえる移動の制限その他の措置をとるべき旨を指示しなければならない。

3　家畜防疫員は、家畜伝染病のまん延を防止するため必要があるときは、患畜若しくは疑似患畜と同居していたため、又はその他の理由により患畜となるおそれがある家畜（疑似患畜を除く。）の所有者に対し、二十一日を超えない範囲内において期間を限り、当該家畜を一定の区域外へ移動させてはならない旨を指示することができる。

（通行の制限又は遮断）

第十五条　都道府県知事又は市町村長は、家畜伝染病のまん延を防止するため緊急の必要があるときは、政令で定める手続に従い、七十二時間を超えない範囲内において期間を定め、牛疫、牛肺疫、口蹄疫、豚コレラ、アフリカ豚コレラ、高病原性鳥インフルエンザ又は低病原性鳥インフルエンザの患畜又は疑似患畜の所在の場所（これに隣接して当該伝染性疾病の病原体により汚染し、又は汚染したおそれがある場所を含む。）とその他の場所との通行を制限し、又は遮断することができる。

（と殺の義務）

第十六条　次に掲げる家畜の所有者は、家畜防疫員の指示に従い、直ちに当該家畜を殺さなければならない。ただし、農林水産省令で定める場合には、この限りでない。

一　牛疫、牛肺疫、口蹄疫、豚コレラ、アフリカ豚コレラ、高病原性鳥インフルエンザ又は低病原性鳥インフルエンザの患畜

二　牛疫、口蹄疫、豚コレラ、アフリカ豚コレラ、高病原性鳥インフルエンザ又は低病原性鳥インフルエンザの疑似患畜

2　前項の家畜の所有者は、同項ただし書の場合を除き、同項の指示があるまでは、当該家畜を殺してはならない。

3　家畜防疫員は、第一項ただし書の場合を除き、家畜伝染病のまん延を防止するため緊急の必要があるときは、同項の家畜について、同項の指示に代えて、自らこれを殺すことができる。

（患畜等の殺処分）

第十七条　都道府県知事は、家畜伝染病のまん延を防止するため必要があるときは、次に掲げる家畜の所有者に期限を定めて当該家畜を殺すべき旨を命ずることができる。

一　流行性脳炎、狂犬病、水胞性口炎、リフトバレー熱、炭疽、出血性敗血症、ブルセラ病、結核病、ヨーネ病、ピロプラズマ病、アナプラズマ病、伝達性海綿状脳症、鼻疽、馬伝染性貧血、アフリカ馬疫、小反芻獣疫、豚水胞病、家きんコレラ、ニューカッスル病又は家きんサルモネラ感染症の患畜

二　牛肺疫、水胞性口炎、リフトバレー熱、出血性敗血症、伝達性海綿状脳症、鼻疽、アフリカ馬疫、小反芻獣疫、豚水胞病、家きんコレラ又はニューカッスル病の疑似患畜

2　家畜の所有者又はその所在が知れないため前項の命令をすることができない場合において緊急の必要があるときは、都道府県知事は、家畜防疫員に当該家畜を殺させることができる。

（患畜等以外の家畜の殺処分）

第十七条の二　農林水産大臣は、口蹄疫がまん延し、又はまん延するおそれがある場合において、この章（この条の規定に係る部分を除く。）の規定により講じられる措置のみによってはそのまん延の防止が困難であり、かつ、その急速かつ広範囲なまん延を防止するため、口蹄疫の患畜及び疑似患畜（以下この項において「患畜

等」という。）以外の家畜であつてもこれを殺すことがやむを得ないと認めるときは、患畜等以外の家畜を殺す必要がある地域を指定地域として、また、当該指定地域において殺す必要がある家畜（患畜等を除く。）を指定家畜として、それぞれ指定することができる。

2　前項の指定地域（以下この条において「指定地域」という。）及び同項の指定家畜（以下「指定家畜」という。）の指定は、口蹄疫の急速かつ広範囲なまん延を防止するため必要な最小限度の範囲に限つてするものとする。

3　農林水産大臣は、指定地域及び指定家畜の指定をしようとするときは、当該指定地域を管轄する都道府県知事の意見を聴かなければならない。

4　農林水産大臣は、指定地域及び指定家畜の指定をしたときは、その旨を公示しなければならない。

5　指定地域及び指定家畜の指定があつたときは、当該指定地域を管轄する都道府県知事は、当該指定地域内において指定家畜を所有する者に対し、期限を定めて、当該指定家畜を殺すべき旨を命ずるものとする。

6　前項の規定による命令を受けた者がその命令に従わないとき、又は指定家畜の所有者若しくはその所在が知れないため同項の規定による命令をすることができない場合において緊急の必要があるときは、同項の都道府県知事は、家畜防疫員に当該指定家畜を殺させることができる。

7　農林水産大臣は、指定地域の全部又は一部についてその指定の事由がなくなつたと認めるときは、当該指定地域の全部又は一部についてその指定を解除するものとする。

8　前項の規定による解除には、第三項及び第四項の規定を準用する。

第十八条～第二十条　（略）

（死体の焼却等の義務）

第二十一条　次に掲げる家畜の死体の所有者は、家畜防疫員が農林水産省令で定める基準に基づいてする指示に従い、遅滞なく、当該死体を焼却し、又は埋却しなければならない。ただし、病性鑑定又は学術研究の用に供するため都道府県知事の許可を受けた場合その他政令で定める場合は、この限りでない。

一　牛疫、牛肺疫、口蹄疫、狂犬病、水胞性口炎、リフトバレー熱、炭疽、出血性敗血症、伝達性海綿状脳症、鼻疽、アフリカ馬疫、小反芻獣疫、豚コレラ、アフリカ豚コレラ、豚水胞病、家きんコレラ、高病原性鳥インフルエンザ、低病原性鳥インフルエンザ又はニューカッスル病の患畜又は疑似患畜の死体

二　流行性脳炎、ブルセラ病、結核病、ヨーネ病、馬伝染性貧血又は家きんサルモネラ感染症の患畜又は疑似患畜の死体（と畜場において殺したものを除く。）

三　指定家畜の死体

2　前項の死体は、同項ただし書の場合を除き、同項の指示があるまでは、当該死体を焼却し、又は埋却してはならない。

3　第一項の規定により焼却し、又は埋却しなければならない死体は、家畜防疫員の許可を受けなければ、他の場所に移し、損傷し、又は解体してはならない。

4　家畜防疫員は、第一項ただし書の場合を除き、家畜伝染病のまん延を防止するため緊急の必要があるときは、同項の家畜の死体について、同項の指示に代えて、自らこれを焼却し、又は埋却することができる。

5　伝達性海綿状脳症の患畜又は疑似患畜の死体の所有者に対する前各項の規定の適用については、これらの規定中「焼却し、又は埋

却」とあるのは、「焼却」とする。

6　都道府県知事は、第一項の規定による焼却又は埋却が的確かつ迅速に実施されるようにするため、当該都道府県の区域内における当該焼却又は埋却が必要となる場合に備えた土地の確保その他の措置に関する情報の提供、助言、指導、補完的に提供する土地の準備その他の必要な措置を講ずるよう努めなければならない。

7　都道府県知事は、前項の必要な措置を講ずるため特に必要があると認めるときは、農林水産大臣及び市町村長に対し、協力を求めることができる。

第二十二条　（略）

（汚染物品の焼却等の義務）

第二十三条　家畜伝染病の病原体により汚染し、又は汚染したおそれがある物品の所有者（当該物品が鉄道、軌道、自動車、船舶又は航空機により運送中のものである場合には、当該物品の所有者又は運送業者。以下この条において同じ。）は、家畜防疫員が農林水産省令で定める基準に基づいてする指示に従い、遅滞なく、当該物品を焼却し、埋却し、又は消毒しなければならない。ただし、家きんサルモネラ感染症の病原体により汚染し、又は汚染したおそれがある物品その他農林水産省令で定める物品は、指示を待たないで焼却し、埋却し、又は消毒することを妨げない。

2　前項の物品（同項ただし書の物品を除く。）の所有者は、同項の指示があるまでは、当該物品を焼却し、埋却し、又は消毒してはならず、また、家畜防疫員の許可を受けなければ、これを他の場所に移し、使用し、又は洗じようしてはならない。

3　家畜防疫員は、家畜伝染病のまん延を防止するため必要があるときは、第一項の物品（同項ただし書の物品を除く。）について、同項の指示に代えて、自らこれを焼却し、埋却し、又は消毒することができる。

4　伝達性海綿状脳症の病原体により汚染し、又は汚染したおそれがある物品の所有者に対する第一項本文及び前二項の規定の適用については、これらの規定中「焼却し、埋却し、又は消毒」とあるのは、「焼却」とする。

（発掘の禁止）

第二十四条　第二十一条第一項若しくは第四項又は前条第一項若しくは第三項の規定により家畜の死体又は家畜伝染病の病原体により汚染し、若しくは汚染したおそれがある物品を埋却した土地は、農林水産省令で定める期間内は、掘つてはならない。ただし、都道府県知事の許可を受けたときは、この限りでない。

（畜舎等の消毒の義務）

第二十五条　患畜若しくは疑似患畜又はこれらの死体の所在した畜舎、船舶、車両その他これに準ずる施設（以下「要消毒畜舎等」という。）は、家畜防疫員が農林水産省令で定める基準に基づいてする指示に従い、その所有者が消毒しなければならない。ただし、家きんサルモネラ感染症の患畜若しくは疑似患畜又はこれらの死体の所在した施設その他農林水産省令で定める施設は、指示を待たないで、消毒することを妨げない。

2　要消毒畜舎等の所有者は、前項ただし書の場合を除き、家畜防疫員の指示があるまでは、当該要消毒畜舎等を消毒してはならない。

3　家畜防疫員は、家畜伝染病のまん延を防止するため必要があるときは、要消毒畜舎等（第一項ただし書の施設を除く。）について、同項の指示に代えて、自らこれを消毒することができる。

4　要消毒畜舎等の所有者は、第一項の規定による消毒が終了するまでの間、農林水産省令の定めるところにより、当該要消毒畜舎等

及びその敷地（農林水産省令で定める敷地を除く。）の出入口付近に、家畜伝染病のまん延を防止するために必要な消毒をする設備を設置しなければならない。

5　家畜防疫員は、第三項の規定により自ら要消毒畜舎等を消毒する場合には、当該消毒が終了するまでの間、前項の農林水産省令の定めるところにより、自ら同項の設備を設置しなければならない。

6　第四項の設備が設置されている要消毒畜舎等の敷地から車両を出す者は、農林水産省令の定めるところにより、あらかじめ、当該設備を利用して、当該車両を消毒しなければならない。

第二十六条～第二十七条　（略）

（病原体に触れた者の消毒の義務）

第二十八条　家畜伝染病の病原体に触れ、又は触れたおそれがある者は、遅滞なく、自らその身体を消毒しなければならない。

2　第二十五条第四項の設備が設置されている要消毒畜舎等又は第二十六条第四項の設備が設置されている要消毒倉庫等から出る者は、農林水産省令の定めるところにより、あらかじめ、これらの設備を利用して、前項の規定による消毒をしなければならない。

（消毒設備の設置場所を通行する者の消毒の義務）

第二十八条の二　都道府県知事が家畜伝染病のまん延の防止のために必要な消毒のための設備であつて農林水産省令で定めるものを設置している場所を通行する者は、農林水産省令の定めるところにより、当該設備によるその身体及びその場所を通過させる車両の消毒を受けなければならない。

2　前項の設備は、家畜伝染病の急速かつ広範囲なまん延を防止するため特に必要があると都道府県知事が認める場合に設置するものとする。

3　都道府県知事は、第一項の設備が設置されている場所ごとに、公衆の見やすい場所に、農林水産省令で定める表示をしなければならない。

第二十九条～第三十条　（略）

（検査、注射、薬浴又は投薬）

第三十一条　都道府県知事は、家畜伝染病のまん延を防止するため必要があるときは、家畜防疫員に、農林水産省令で定める方法により家畜の検査、注射、薬浴又は投薬を行わせることができる。

2　（略）

（家畜等の移動の制限）

第三十二条　都道府県知事は、家畜伝染病のまん延を防止するため必要があるときは、規則を定め、一定種類の家畜、その死体又は家畜伝染病の病原体をひろげるおそれがある物品の当該都道府県の区域内での移動、当該都道府県内への移入又は当該都道府県外への移出を禁止し、又は制限することができる。

2　農林水産大臣は、家畜伝染病のまん延を防止するため必要があるときは、農林水産省令の定めるところにより、区域を指定し、一定種類の家畜、その死体又は家畜伝染病の病原体をひろげるおそれがある物品の当該区域外への移出を禁止し、又は制限することができる。

（家畜集合施設の開催等の制限）

第三十三条　都道府県知事は、家畜伝染病のまん延を防止するため必要があるときは、規則を定め、競馬、家畜市場、家畜共進会等家畜を集合させる催物の開催又はと畜場若しくは化製場の事業を停

止し、又は制限することができる。

（放牧等の制限）

第三十四条　都道府県知事は、家畜伝染病のまん延を防止するため必要があるときは、規則を定め、一定種類の家畜の放牧、種付、と畜場以外の場所におけると殺又はふ卵を停止し、又は制限することができる。

第三十五条〜第三十五条の二　（略）

第四章　輸出入検疫等（抄）

（輸入禁止）

第三十六条　何人も、次に掲げる物を輸入してはならない。ただし、試験研究の用に供する場合その他特別の事情がある場合において、農林水産大臣の許可を受けたときは、この限りでない。

一　農林水産省令で定める地域から発送され、又はこれらの地域を経由した第三十七条第一項各号の物であつて農林水産大臣の指定するもの

二　次のイ又はロに掲げる家畜の伝染性疾病の病原体

イ　監視伝染病の病原体

ロ　家畜の伝染性疾病の病原体であつて既に知られているもの以外のもの

2　前項但書の許可を受けて輸入する場合には、同項の許可を受けたことを証明する書面を添えなければならない。

3　第一項但書の許可には、輸入の方法、輸入後の管理方法その他必要な条件を附することができる。

（病原体の輸入に関する届出）

第三十六条の二　家畜の伝染性疾病の病原体であつて既に知られているもののうち、監視伝染病の病原体以外のものを輸入しようとする者は、農林水産省令の定めるところにより、農林水産大臣に届け出なければならない。

2　農林水産大臣は、前項の規定により届け出なければならないこととされる家畜の伝染性疾病の病原体を公示するものとする。

3　第一項の規定は、第六十二条第一項の規定により指定された疾病の病原体について同項において準用する前条第一項の規定により同項ただし書の許可を受けて輸入する場合には、適用しない。

（輸入のための検査証明書の添付）

第三十七条　次に掲げる物であつて農林水産大臣の指定するもの（以下「指定検疫物」という。）は、輸出国の政府機関により発行され、かつ、その検疫の結果監視伝染病の病原体をひろげるおそれがないことを確かめ、又は信ずる旨を記載した検査証明書又はその写しを添付してあるものでなければ、輸入してはならない。

一　動物、その死体又は骨肉卵皮毛類及びこれらの容器包装

二　穀物のわら（飼料用以外の用途に供するものとして農林水産省令で定めるものを除く。）及び飼料用の乾草

三　前二号に掲げる物を除き、監視伝染病の病原体をひろげるおそれがある敷料その他これに準ずる物

2　前項の規定は、次に掲げる場合には、適用しない。

一　動物検疫についての政府機関を有しない国から輸入する場合その他農林水産大臣の指定する場合

二　農林水産省令で定める国から輸入する指定検疫物について、前項の検査証明書又はその写しに記載されるべき事項が当該国の政府機関から電気通信回線を通じて動物検疫所の使用に係る電子計算機（入出力装置を含む。）に送信され、当該電子計算機

に備えられたファイルに記録された場合

（輸入場所の制限）

第三十八条　指定検疫物は、農林水産省令で指定する港又は飛行場以外の場所で輸入してはならない。但し、第四十一条の規定により検査を受け、且つ、第四十四条の規定による輸入検疫証明書の交付を受けた物及び郵便物として輸入する物については、この限りでない。

（動物の輸入に関する届出等）

第三十八条の二　指定検疫物たる動物で農林水産大臣の指定するものを輸入しようとする者は、農林水産省令で定めるところにより、当該動物の種類及び数量、輸入の時期及び場所その他農林水産省令で定める事項を動物検疫所に届け出なければならない。ただし、携帯品又は郵便物として輸入する場合その他農林水産省令で定める場合は、この限りでない。

2　動物検疫所長は、前項の規定による届出があつた場合において、第四十条第一項又は第四十一条の規定による検査を円滑に実施するため特に必要があると認めるときは、当該届出をした者に対し、当該届出に係る輸入の時期又は場所を変更すべきことを指示することができる。

第三十九条　（略）

（輸入検査）

第四十条　指定検疫物を輸入した者は、遅滞なくその旨を動物検疫所に届け出て、その物につき、原状のままで、家畜防疫官から第三十六条及び第三十七条の規定の違反の有無並びに監視伝染病の病原体をひろげるおそれの有無についての検査を受けなければならない。ただし、既に次条の規定により検査を受け、かつ、第四十四条の規定による輸入検疫証明書の交付を受けた物及び郵便物として輸入した物については、この限りでない。

2　家畜防疫官は、指定検疫物以外の物が監視伝染病の病原体により汚染し、又は汚染しているおそれがあるときは、輸入後遅滞なくその物につき、検査を行うことができる。

3　第一項の規定による検査は、動物検疫所又は第三十八条の規定により指定された港若しくは飛行場内の家畜防疫官が指定した場所で行う。但し、特別の事由があるときは、農林水産大臣の指定するその他の場所で検査を行うことができる。

4　家畜防疫官は、監視伝染病の病原体のひろがるのを防止するため必要があるときは、第一項の検査を受ける者に対し指定検疫物を前項の場所に送致するための順路その他の方法を指示することができる。

第四十一条〜第四十四条　（略）

（輸出検査）

第四十五条　次に掲げる物を輸出しようとする者は、これにつき、あらかじめ、家畜防疫官の検査を受け、かつ、第三項の規定により輸出検疫証明書の交付を受けなければならない。

一　輸入国政府がその輸入に当たり、家畜の伝染性疾病の病原体をひろげるおそれの有無についての輸出国の検査証明を必要としている動物その他の物

二　第三十七条第一項各号に掲げる物であつて農林水産大臣が国際動物検疫上必要と認めて指定するもの

2　前項の検査については、第四十条第三項の規定を準用する。

3　家畜防疫官は、第一項の規定による検査の結果、その物が家畜の

伝染性疾病の病原体をひろげるおそれがないと認められるときは、農林水産省令の定めるところにより、輸出検疫証明書を交付しなければならない。

4　家畜防疫官は、国際動物検疫上、必要があるときは、前項の規定による輸出検疫証明書の交付を受けた物について再検査を行うことができる。

第四十六条～第四十六条の四　（略）

第五章　病原体の所持に関する措置（抄）

（家畜伝染病原体の所持の許可）

第四十六条の五　家畜伝染病病原体（家畜伝染病の病原体であつて農林水産省令で定めるものをいう。以下同じ。）を所持しようとする者は、農林水産省令の定めるところにより、農林水産大臣の許可を受けなければならない。ただし、次に掲げる場合は、この限りでない。

　　一　第四十六条の十一第二項に規定する滅菌譲渡義務者が、農林水産省令の定めるところにより、同項に規定する滅菌譲渡をするまでの間家畜伝染病病原体を所持しようとする場合

　　二　この項本文の許可を受けた者（以下「許可所持者」という。）又は前号に規定する者から運搬を委託された者が、その委託に係る家畜伝染病病原体を当該運搬のために所持しようとする場合

　　三　許可所持者又は前二号に規定する者の従業者が、その職務上家畜伝染病病原体を所持しようとする場合

2　前項本文の許可を受けようとする者は、農林水産省令の定めるところにより、次に掲げる事項を記載した申請書を農林水産大臣に提出しなければならない。

　　一　氏名又は名称及び住所並びに法人にあつては、その代表者の氏名

　　二　家畜伝染病病原体の種類

　　三　所持の目的及び方法

　　四　家畜伝染病病原体の保管、使用及び滅菌又は無害化をする施設（以下「取扱施設」という。）の位置、構造及び設備

（許可の基準等）

第四十六条の六　農林水産大臣は、前条第一項本文の許可の申請が次の各号のいずれにも適合していると認めるときでなければ、同項本文の許可をしてはならない。

　　一　所持の目的が検査、治療、医薬品その他農林水産省令で定める製品の製造又は試験研究であること。

　　二　取扱施設の位置、構造及び設備が農林水産省令で定める技術上の基準に適合するものであることその他その申請に係る家畜伝染病病原体による家畜伝染病が発生し、又はまん延するおそれがないこと。

2　次の各号のいずれかに該当する者には、前項の規定にかかわらず、前条第一項本文の許可を与えない。

　　一　成年被後見人若しくは被保佐人又は破産手続開始の決定を受けて復権を得ない者

　　二　禁錮以上の刑に処せられ、その執行を終わり、又は執行を受けることがなくなつた日から五年を経過しない者

　　三　この法律、狂犬病予防法（昭和二十五年法律第二百四十七号）、検疫法（昭和二十六年法律第二百一号）若しくは感染症の予防及び感染症の患者に対する医療に関する法律（平成十年法律第百十四号）又はこれらの法律に基づく命令の規定に違反し、罰金の刑に処せられ、その執行を終わり、又は執行を受けるこ

とがなくなつた日から五年を経過しない者

　　四　第四十六条の九の規定により許可を取り消され、その取消しの日から五年を経過しない者（当該許可を取り消された者が法人である場合においては、当該取消しの処分に係る行政手続法（平成五年法律第八十八号）第十五条の規定による通知があつた日前六十日以内に当該法人の役員（業務を執行する社員、取締役、執行役又はこれらに準ずる者をいい、相談役、顧問その他いかなる名称を有する者であるかを問わず、法人に対し業務を執行する社員、取締役、執行役又はこれらに準ずる者と同等以上の支配力を有するものと認められる者を含む。以下この項において同じ。）であつた者で当該取消しの日から五年を経過しないものを含む。）

　　五　第四十六条の九の規定による許可の取消しの処分に係る行政手続法第十五条の規定による通知があつた日から当該処分をする日又は処分をしないことを決定する日までの間に第四十六条の十一第二項の規定による届出をした者（当該届出に係る同項に規定する滅菌譲渡について相当の理由がある者を除く。）で、当該届出の日から五年を経過しないもの

　　六　前号に規定する期間内に第四十六条の十一第二項の規定による届出があつた場合において、同号の通知の日前六十日以内に当該届出に係る法人（当該届出に係る同項に規定する滅菌譲渡について相当の理由がある法人を除く。）の役員若しくは政令で定める使用人であつた者又は当該届出に係る個人（当該届出に係る同項に規定する滅菌譲渡について相当の理由がある者を除く。）の政令で定める使用人であつた者で、当該届出の日から五年を経過しないもの

　　七　営業に関し成年者と同一の能力を有しない未成年者でその法定代理人（法定代理人が法人である場合においては、その役員を含む。）が前各号のいずれかに該当するもの

　　八　法人でその役員又は政令で定める使用人のうちに第一号から第六号までのいずれかに該当する者のあるもの

　　九　個人で政令で定める使用人のうちに第一号から第六号までのいずれかに該当する者のあるもの

3　前条第一項本文の許可には、条件を付することができる。この場合において、その条件は、その許可に係る家畜伝染病病原体による家畜伝染病の発生を予防し、又はそのまん延を防止するため必要な最小限度のものに限り、かつ、許可を受ける者に不当な義務を課することとならないものでなければならない。

（許可証）

第四十六条の七　農林水産大臣は、第四十六条の五第一項本文の許可をしたときは、その許可に係る家畜伝染病病原体の種類その他農林水産省令で定める事項を記載した許可証を交付しなければならない。

2　許可証の再交付及び返納その他許可証に関する手続的事項は、農林水産省令で定める。

（許可事項の変更）

第四十六条の八　許可所持者は、第四十六条の五第二項第二号から第四号までに掲げる事項の変更をしようとするときは、農林水産省令の定めるところにより、農林水産大臣の許可を受けなければならない。ただし、その変更が農林水産省令で定める軽微なものであるときは、この限りでない。

2　許可所持者は、前項ただし書に規定する軽微な変更をしようとするときは、農林水産省令の定めるところにより、あらかじめ、その旨を農林水産大臣に届け出なければならない。

3　許可所持者は、第四十六条の五第二項第一号に掲げる事項を変更

したときは、農林水産省令の定めるところにより、その変更の日から三十日以内に、その旨を農林水産大臣に届け出なければならない。

4　第一項本文の許可には、第四十六条の六の規定を準用する。

（許可の取消し等）
第四十六条の九　農林水産大臣は、許可所持者が次の各号のいずれかに該当する場合は、第四十六条の五第一項本文の許可を取り消し、又は一年以内の期間を定めてその許可の効力を停止することができる。
　一　取扱施設の位置、構造又は設備が第四十六条の六第一項第二号の技術上の基準に適合しなくなつたとき。
　二　第四十六条の六第二項各号のいずれかに該当するに至つたとき。
　三　第四十六条の六第三項（前条第四項において準用する場合を含む。）の条件に違反したとき。
　四　この法律又はこの法律に基づく命令若しくは処分に違反したとき。

（家畜伝染病病原体の譲渡し及び譲受けの制限）
第四十六条の十　家畜伝染病病原体は、次の各号のいずれかに該当する場合のほか、譲り渡し、又は譲り受けてはならない。
　一　許可所持者がその許可に係る家畜伝染病病原体を、他の許可所持者（当該家畜伝染病病原体に係る第四十六条の五第一項本文の許可を受けた者に限る。以下この号において同じ。）に譲り渡し、又は他の許可所持者若しくは次条第二項に規定する滅菌譲渡義務者から譲り受ける場合
　二　次条第二項に規定する滅菌譲渡義務者が家畜伝染病病原体を、農林水産省令の定めるところにより、許可所持者（当該家畜伝染病病原体に係る第四十六条の五第一項本文の許可を受けた者に限る。）に譲り渡す場合

（滅菌等）
第四十六条の十一　次の各号に掲げる者が当該各号に定める場合に該当するときは、その所持する家畜伝染病病原体の滅菌若しくは無害化（以下「滅菌等」という。）をし、又はその譲渡しをしなければならない。
　一　許可所持者　その許可に係る家畜伝染病病原体について所持することを要しなくなつた場合又は第四十六条の五第一項本文の許可を取り消され、若しくはその許可の効力を停止された場合
　二　家畜の伝染性疾病の病原体の検査を行つている機関（前号に掲げる者を除く。）　その業務に伴い家畜伝染病病原体を所持することとなつた場合
2　前項の規定により家畜伝染病病原体の滅菌等又は譲渡し（以下「滅菌譲渡」という。）をしなければならない者（以下「滅菌譲渡義務者」という。）が、当該家畜伝染病病原体の滅菌譲渡をしようとするときは、農林水産省令の定めるところにより、当該家畜伝染病病原体の種類、滅菌譲渡の方法その他農林水産省令で定める事項を農林水産大臣に届け出なければならない。
3　許可所持者が、その許可に係る家畜伝染病病原体を所持することを要しなくなつた場合において、前項の規定による届出をしたときは、第四十六条の五第一項本文の許可は、その効力を失う。
4　農林水産大臣は、必要があると認めるときは、滅菌譲渡義務者に対し、農林水産省令の定めるところにより、当該家畜伝染病病原体の滅菌譲渡の方法の変更その他当該家畜伝染病病原体による家畜伝染病の発生を予防し、又はそのまん延を防止するために必要

な措置を講ずべき旨を命ずることができる。

（家畜伝染病発生予防規程の作成等）
第四十六条の十二　許可所持者は、その許可に係る家畜伝染病病原体による家畜伝染病の発生を予防し、及びそのまん延を防止するため、農林水産省令の定めるところにより、当該家畜伝染病病原体の所持を開始する前に、家畜伝染病発生予防規程を作成し、農林水産大臣に届け出なければならない。
2　許可所持者は、家畜伝染病発生予防規程を変更したときは、その変更の日から三十日以内に、その旨を農林水産大臣に届け出なければならない。
3　農林水産大臣は、家畜伝染病病原体による家畜伝染病の発生を予防し、又はそのまん延を防止するため必要があるときは、許可所持者に対し、家畜伝染病発生予防規程を変更すべき旨を命ずることができる。

（病原体取扱主任者の選任等）
第四十六条の十三　許可所持者は、その許可に係る家畜伝染病病原体による家畜伝染病の発生の予防及びまん延の防止について監督を行わせるため、当該家畜伝染病病原体の取扱いの知識経験に関する要件として農林水産省令で定めるものを備える者のうちから、病原体取扱主任者を選任しなければならない。
2　許可所持者は、病原体取扱主任者を選任したときは、農林水産省令の定めるところにより、その選任の日から三十日以内に、その旨を農林水産大臣に届け出なければならない。これを解任したときも、同様とする。
3　病原体取扱主任者は、誠実にその職務を遂行しなければならない。
4　取扱施設に立ち入る者は、病原体取扱主任者がこの法律又はこの法律に基づく命令若しくは家畜伝染病発生予防規程の実施を確保するためにする指示に従わなければならない。
5　許可所持者は、その許可に係る家畜伝染病病原体による家畜伝染病の発生の予防及びまん延の防止に関し、病原体取扱主任者の意見を尊重しなければならない。
6　農林水産大臣は、病原体取扱主任者が、この法律又はこの法律に基づく命令の規定に違反したときは、許可所持者に対し、当該病原体取扱主任者を解任すべき旨を命ずることができる。

（教育訓練）
第四十六条の十四　許可所持者は、取扱施設に立ち入る者に対し、農林水産省令の定めるところにより、家畜伝染病発生予防規程の周知を図るほか、その許可に係る家畜伝染病病原体による家畜伝染病の発生を予防し、及びそのまん延を防止するために必要な教育及び訓練を施さなければならない。

（記帳義務）
第四十六条の十五　許可所持者は、農林水産省令の定めるところにより、帳簿を備え、その所持する家畜伝染病病原体の保管、使用及び滅菌等に関する事項その他当該家畜伝染病病原体による家畜伝染病の発生の予防及びまん延の防止に関し必要な事項を記載しなければならない。
2　前項の帳簿は、農林水産省令の定めるところにより、保存しなければならない。

（施設の基準等）
第四十六条の十六　許可所持者は、取扱施設の位置、構造及び設備を第四十六条の六第一項第二号の技術上の基準に適合するように維

持しなければならない。

2 農林水産大臣は、取扱施設の位置、構造又は設備が前項の技術上の基準に適合していないときは、許可所持者に対し、当該施設の修理又は改造その他当該家畜伝染病病原体による家畜伝染病の発生の予防又はまん延の防止のために必要な措置を講ずべき旨を命ずることができる。

（保管等の基準等）
第四十六条の十七 許可所持者及び滅菌譲渡義務者並びにこれらの者から運搬を委託された者（以下「許可所持者等」という。）は、その所持する家畜伝染病病原体の保管、使用、運搬（船舶又は航空機による運搬を除く。以下同じ。）又は滅菌等をする場合においては、農林水産省令で定める技術上の基準に従つて当該家畜伝染病病原体による家畜伝染病の発生の予防及びまん延の防止のために必要な措置を講じなければならない。

2 農林水産大臣は、許可所持者等が講ずる家畜伝染病病原体の保管、使用、運搬又は滅菌等に関する措置が前項の技術上の基準に適合していないときは、その者に対し、その保管、使用、運搬又は滅菌等の方法の変更その他当該家畜伝染病病原体による家畜伝染病の発生の予防又はまん延の防止のために必要な措置を講ずべき旨を命ずることができる。

（災害時の応急措置）
第四十六条の十八 許可所持者等は、その所持する家畜伝染病病原体に関し、地震、火災その他の災害が起こつたことにより、当該家畜伝染病病原体による家畜伝染病が発生し、若しくはまん延した場合又は当該家畜伝染病病原体による家畜伝染病が発生し、若しくはまん延するおそれがある場合においては、直ちに、農林水産省令の定めるところにより、応急の措置を講じなければならない。

2 許可所持者等は、前項に規定する場合においては、農林水産省令の定めるところにより、遅滞なく、その旨を農林水産大臣に届け出なければならない。

3 農林水産大臣は、第一項の場合において、当該家畜伝染病病原体による家畜伝染病の発生を予防し、又はそのまん延を防止するため緊急の必要があるときは、許可所持者等に対し、当該家畜伝染病病原体の保管場所の変更、当該家畜伝染病病原体の滅菌等その他当該家畜伝染病病原体による家畜伝染病の発生の予防又はまん延の防止のために必要な措置を講ずべき旨を命ずることができる。

（届出伝染病等病原体の所持の届出）
第四十六条の十九 届出伝染病等病原体（家畜伝染病病原体以外の家畜伝染病の病原体及び届出伝染病の病原体であつて、農林水産省令で定めるものをいう。以下同じ。）を所持する者は、農林水産省令の定めるところにより、その所持の開始の日から七日以内に、当該届出伝染病等病原体の種類その他農林水産省令で定める事項を農林水産大臣に届け出なければならない。ただし、次に掲げる場合は、この限りでない。
一 家畜の伝染性疾病の病原体の検査を行つている機関が、その業務に伴い届出伝染病等病原体を所持することとなつた場合において、農林水産省令の定めるところにより、滅菌譲渡をするまでの間当該届出伝染病等病原体を所持するとき。
二 届出伝染病等病原体を所持する者から運搬又は滅菌等を委託された者が、その委託に係る届出伝染病等病原体を当該運搬又は滅菌等のために所持する場合
三 届出伝染病等病原体を所持する者の従業者が、その職務上届出伝染病等病原体を所持する場合
2 前項本文の規定による届出をした者（次条第一項において「届出

所持者」という。）は、その届出に係る事項を変更したときは、農林水産省令の定めるところにより、その変更の日から七日以内に、その旨を農林水産大臣に届け出なければならない。その届出に係る届出伝染病等病原体を所持しないこととなつたときも、同様とする。

（準用）
第四十六条の二十 届出所持者には、第四十六条の十五及び第四十六条の十六の規定を準用する。この場合において、第四十六条の十五第一項及び第四十六条の十六第二項中「家畜伝染病病原体」とあるのは「届出伝染病等病原体」と、「家畜伝染病の」とあるのは「家畜の伝染性疾病の」と、同条中「取扱施設」とあるのは「届出伝染病等病原体の保管、使用及び滅菌等をする施設」と、同条第一項中「第四十六条の六第一項第二号の」とあるのは「農林水産省令で定める」と読み替えるものとする。

2 届出伝染病等病原体を所持する者（前条第一項第三号の従業者を除く。以下同じ。）には、第四十六条の十七及び第四十六条の十八の規定を準用する。この場合において、第四十六条の十七並びに第四十六条の十八第一項及び第三項中「家畜伝染病病原体」とあるのは「届出伝染病等病原体」と、「による家畜伝染病」とあるのは「による家畜の伝染性疾病」と読み替えるものとする。

第四十六条の二十一～第四十六条の二十二 （略）

第六章 雑則（抄）

第四十七条～第四十九条 （略）

（動物用生物学的製剤の使用の制限）
第五十条 農林水産大臣の指定する動物用生物学的製剤は、都道府県知事の許可を受けなければ使用してはならない。

第五十一条～第五十二条の三 （略）

（家畜防疫官及び家畜防疫員）
第五十三条 この法律に規定する事務に従事させるため、農林水産省に家畜防疫官を置く。

2 前項の家畜防疫官は、獣医師の中から任命する。ただし、特に必要があるときは家畜の伝染性疾病予防に関し学識経験のある獣医師以外の者を任命することができる。

3 この法律に規定する事務に従事させるため、都道府県知事は、当該都道府県の職員で獣医師であるものの中から、家畜防疫員を任命する。ただし、特に必要があるときは、当該都道府県の職員で家畜の伝染性疾病予防に関し学識経験のある獣医師以外の者を任命することができる。

4 都道府県知事は、獣医師を当該都道府県の職員として採用することにより、この法律に規定する事務を処理するために必要となる員数の家畜防疫員を確保するよう努めなければならない。

第五十四条～第六十二条の六 （略）

第七章 罰則

第六十三条～第六十九条 （略）

愛がん動物用飼料の安全性の確保に関する法律（抄）
（平成二十年六月十八日法律第八十三号）

第一章　総則

（目的）

第一条　この法律は、愛がん動物用飼料の製造等に関する規制を行うことにより、愛がん動物用飼料の安全性の確保を図り、もって愛がん動物の健康を保護し、動物の愛護に寄与することを目的とする。

（定義）

第二条　この法律において「愛がん動物」とは、愛がんすることを目的として飼養される動物であって政令で定めるものをいう。

2　この法律において「愛がん動物用飼料」とは、愛がん動物の栄養に供することを目的として使用される物をいう。

3　この法律において「製造業者」とは、愛がん動物用飼料の製造（配合及び加工を含む。以下同じ。）を業とする者をいい、「輸入業者」とは、愛がん動物用飼料の輸入を業とする者をいい、「販売業者」とは、愛がん動物用飼料の販売を業とする者で製造業者及び輸入業者以外のものをいう。

（事業者の責務）

第三条　製造業者、輸入業者又は販売業者は、その事業活動を行うに当たって、自らが愛がん動物用飼料の安全性の確保について第一義的責任を有していることを認識して、愛がん動物用飼料の安全性の確保に係る知識及び技術の習得、愛がん動物用飼料の原材料の安全性の確保、愛がん動物の健康が害されることを防止するための愛がん動物用飼料の回収その他の必要な措置を講ずるよう努めなければならない。

（国の責務）

第四条　国は、愛がん動物用飼料の安全性に関する情報の収集、整理、分析及び提供を図るよう努めなければならない。

第二章　愛がん動物用飼料の製造等に関する規制

（基準及び規格）

第五条　農林水産大臣及び環境大臣は、愛がん動物用飼料の使用が原因となって、愛がん動物の健康が害されることを防止する見地から、農林水産省令・環境省令で、愛がん動物用飼料の製造の方法若しくは表示につき基準を定め、又は愛がん動物用飼料の成分につき規格を定めることができる。

2　農林水産大臣及び環境大臣は、前項の規定により基準又は規格を設定し、改正し、又は廃止しようとするときは、農業資材審議会及び中央環境審議会の意見を聴かなければならない。

（製造等の禁止）

第六条　前条第一項の規定により基準又は規格が定められたときは、何人も、次に掲げる行為をしてはならない。

一　当該基準に合わない方法により、愛がん動物用飼料を販売（不特定又は多数の者に対する販売以外の授与及びこれに準ずるものとして農林水産省令・環境省令で定める授与を含む。以下同じ。）の用に供するために製造すること。

二　当該基準に合わない方法により製造された愛がん動物用飼料を販売し、又は販売の用に供するために輸入すること。

三　当該基準に合う表示がない愛がん動物用飼料を販売すること。

四　当該規格に合わない愛がん動物用飼料を販売し、又は販売の用に供するために製造し、若しくは輸入すること。

（有害な物質を含む愛がん動物用飼料の製造等の禁止）

第七条　農林水産大臣及び環境大臣は、次に掲げる愛がん動物用飼料の使用が原因となって、愛がん動物の健康が害されることを防止するため必要があると認めるときは、農業資材審議会及び中央環境審議会の意見を聴いて、製造業者、輸入業者又は販売業者に対し、当該愛がん動物用飼料の製造、輸入又は販売を禁止することができる。

一　有害な物質を含み、又はその疑いがある愛がん動物用飼料

二　病原微生物により汚染され、又はその疑いがある愛がん動物用飼料

2　農林水産大臣及び環境大臣は、前項の規定による禁止をしたときは、その旨を官報に公示しなければならない。

（廃棄等の命令）

第八条　製造業者、輸入業者又は販売業者が次に掲げる愛がん動物用飼料を販売した場合又は販売の用に供するために保管している場合において、当該愛がん動物用飼料の使用が原因となって、愛がん動物の健康が害されることを防止するため特に必要があると認めるときは、必要な限度において、農林水産大臣及び環境大臣は、当該製造業者、輸入業者又は販売業者に対し、当該愛がん動物用飼料の廃棄又は回収を図ることその他必要な措置をとるべきことを命ずることができる。

一　第六条第二号から第四号までに規定する愛がん動物用飼料

二　前条第一項の規定による禁止に係る愛がん動物用飼料

（製造業者等の届出）

第九条　第五条第一項の規定により基準又は規格が定められた愛がん動物用飼料の製造業者又は輸入業者（農林水産省令・環境省令で定める者を除く。）は、農林水産省令・環境省令で定めるところにより、その事業の開始前に、次に掲げる事項を農林水産大臣及び環境大臣に届け出なければならない。

一　氏名及び住所（法人にあっては、その名称、代表者の氏名及び主たる事務所の所在地）

二　製造業者にあっては、当該愛がん動物用飼料を製造する事業場の名称及び所在地

三　販売業務を行う事業場及び当該愛がん動物用飼料を保管する施設の所在地

四　その他農林水産省令・環境省令で定める事項

2　新たに第五条第一項の規定により基準又は規格が定められたため前項に規定する製造業者又は輸入業者となった者は、農林水産省令・環境省令で定めるところにより、その基準又は規格が定められた日から三十日以内に、同項各号に掲げる事項を農林水産大臣及び環境大臣に届け出なければならない。

3　前二項の規定による届出をした者（次項及び第五項において「届出事業者」という。）は、その届出事項に変更を生じたときは、農

林水産省令・環境省令で定めるところにより、その変更の日から三十日以内に、その旨を農林水産大臣及び環境大臣に届け出なければならない。その事業を廃止したときも、同様とする。

4　届出事業者が第一項又は第二項の規定による届出に係る事業の全部を譲り渡し、又は届出事業者について相続、合併若しくは分割（当該届出に係る事業の全部を承継させるものに限る。）があったときは、その事業の全部を譲り受けた者又は相続人（相続人が二人以上ある場合において、その全員の同意により事業を承継すべき相続人を選定したときは、その者）、合併後存続する法人若しくは合併により設立した法人若しくは分割によりその事業の全部を承継した法人は、その届出事業者の地位を承継する。

5　前項の規定により届出事業者の地位を承継した者は、農林水産省令・環境省令で定めるところにより、その承継の日から三十日以内に、その事実を証する書面を添えて、その旨を農林水産大臣及び環境大臣に届け出なければならない。

（帳簿の備付け）

第十条　第五条第一項の規定により基準又は規格が定められた愛がん動物用飼料の製造業者又は輸入業者は、帳簿を備え、当該愛がん動物用飼料を製造し、又は輸入したときは、農林水産省令・環境省令で定めるところにより、その名称、数量その他農林水産省令・環境省令で定める事項を記載し、これを保存しなければならない。

2　第五条第一項の規定により基準又は規格が定められた愛がん動物用飼料の製造業者、輸入業者又は販売業者は、帳簿を備え、当該愛がん動物用飼料を製造業者、輸入業者又は販売業者に譲り渡したときは、農林水産省令・環境省令で定めるところにより、その名称、数量、相手方の氏名又は名称その他農林水産省令・環境省令で定める事項を記載し、これを保存しなければならない。

第三章　雑則（抄）

（報告の徴収）

第十一条　農林水産大臣又は環境大臣は、この法律の施行に必要な限度において、製造業者、輸入業者若しくは販売業者又は愛がん動物用飼料の運送業者若しくは倉庫業者に対し、その業務に関し必要な報告を求めることができる。

2　次の各号に掲げる大臣は、前項の規定による権限を単独で行使したときは、速やかに、その結果をそれぞれ当該各号に定める大臣に通知するものとする。
　一　農林水産大臣　環境大臣
　二　環境大臣　農林水産大臣

（立入検査等）

第十二条　農林水産大臣又は環境大臣は、この法律の施行に必要な限度において、その職員に、製造業者、輸入業者若しくは販売業者又は愛がん動物用飼料の運送業者若しくは倉庫業者の事業場、倉庫、船舶、車両その他愛がん動物用飼料の製造、輸入、販売、輸送又は保管の業務に関係がある場所に立ち入り、愛がん動物用飼料、その原材料若しくは業務に関する帳簿、書類その他の物件を検査させ、関係者に質問させ、又は検査に必要な限度において愛がん動物用飼料若しくはその原材料を集取させることができる。ただし、愛がん動物用飼料又はその原材料を集取させるときは、時価によってその対価を支払わなければならない。

2　前項の規定により立入検査、質問又は集取（以下「立入検査等」という。）をする職員は、その身分を示す証明書を携帯し、関係者に提示しなければならない。

3　第一項の規定による立入検査等の権限は、犯罪捜査のために認められたものと解釈してはならない。

4　次の各号に掲げる大臣は、第一項の規定による権限を単独で行使したときは、速やかに、その結果をそれぞれ当該各号に定める大臣に通知するものとする。
　一　農林水産大臣　環境大臣
　二　環境大臣　農林水産大臣

5　農林水産大臣又は環境大臣は、第一項の規定により愛がん動物用飼料又はその原材料を集取させたときは、当該愛がん動物用飼料又はその原材料の検査の結果の概要を公表しなければならない。

（センターによる立入検査等）

第十三条　農林水産大臣は、前条第一項の場合において必要があると認めるときは、独立行政法人農林水産消費安全技術センター（以下「センター」という。）に、同項に規定する者の事業場、倉庫、船舶、車両その他愛がん動物用飼料の製造、輸入、販売、輸送又は保管の業務に関係がある場所に立ち入り、愛がん動物用飼料、その原材料若しくは業務に関する帳簿、書類その他の物件を検査させ、関係者に質問させ、又は検査に必要な限度において愛がん動物用飼料若しくはその原材料を集取させることができる。ただし、愛がん動物用飼料又はその原材料を集取させるときは、時価によってその対価を支払わなければならない。

2　農林水産大臣は、前項の規定によりセンターに立入検査等を行わせる場合には、センターに対し、立入検査等を行う期日、場所その他必要な事項を示してこれを実施すべきことを指示するものとする。

3　センターは、前項の規定による指示に従って第一項の規定による立入検査等を行ったときは、農林水産省令で定めるところにより、その結果を農林水産大臣に報告しなければならない。

4　農林水産大臣は、前項の規定による報告を受けたときは、速やかに、その内容を環境大臣に通知するものとする。

5　前条第二項及び第三項の規定は第一項の規定による立入検査等について、同条第五項の規定は第一項の規定による集取について、それぞれ準用する。

（センターに対する命令）

第十四条　農林水産大臣は、前条第一項の規定による立入検査等の業務の適正な実施を確保するため必要があると認めるときは、センターに対し、当該業務に関し必要な命令をすることができる。

第十五条〜第十七条　（略）

第四章　罰則

第十八条〜第二十三条　（略）

感染症の予防及び感染症の患者に対する医療に関する法律（抄）
（平成十年十月二日法律第百十四号）

最終改正：平成二六年一一月二一日法律第一一五号
（最終改正までの未施行法令）
平成二十六年十一月二十一日法律第百十五号（一部未施行）
平成二十六年六月十三日法律第六十九号（未施行）

人類は、これまで、疾病、とりわけ感染症により、多大の苦難を経験してきた。ペスト、痘そう、コレラ等の感染症の流行は、時には文明を存亡の危機に追いやり、感染症を根絶することは、正に人類の悲願と言えるものである。

医学医療の進歩や衛生水準の著しい向上により、多くの感染症が克服されてきたが、新たな感染症の出現や既知の感染症の再興により、また、国際交流の進展等に伴い、感染症は、新たな形で、今なお人類に脅威を与えている。

一方、我が国においては、過去にハンセン病、後天性免疫不全症候群等の感染症の患者等に対するいわれのない差別や偏見が存在したという事実を重く受け止め、これを教訓として今後に生かすことが必要である。

このような感染症をめぐる状況の変化や感染症の患者等が置かれてきた状況を踏まえ、感染症の患者等の人権を尊重しつつ、これらの者に対する良質かつ適切な医療の提供を確保し、感染症に迅速かつ適確に対応することが求められている。

ここに、このような視点に立って、これまでの感染症の予防に関する施策を抜本的に見直し、感染症の予防及び感染症の患者に対する医療に関する総合的な施策の推進を図るため、この法律を制定する。

第一章　総則（抄）

（目的）
第一条　この法律は、感染症の予防及び感染症の患者に対する医療に関し必要な措置を定めることにより、感染症の発生を予防し、及びそのまん延の防止を図り、もって公衆衛生の向上及び増進を図ることを目的とする。

（基本理念）
第二条　感染症の発生の予防及びそのまん延の防止を目的として国及び地方公共団体が講ずる施策は、これらを目的とする施策に関する国際的動向を踏まえつつ、保健医療を取り巻く環境の変化、国際交流の進展等に即応し、新感染症その他の感染症に迅速かつ適確に対応することができるよう、感染症の患者等が置かれている状況を深く認識し、これらの者の人権を尊重しつつ、総合的かつ計画的に推進されることを基本理念とする。

第三条　（略）

（国民の責務）
第四条　国民は、感染症に関する正しい知識を持ち、その予防に必要な注意を払うよう努めるとともに、感染症の患者等の人権が損なわれることがないようにしなければならない。

（医師等の責務）
第五条　医師その他の医療関係者は、感染症の予防に関し国及び地方公共団体が講ずる施策に協力し、その予防に寄与するよう努めるとともに、感染症の患者等が置かれている状況を深く認識し、良質かつ適切な医療を行うとともに、当該医療について適切な説明を行い、当該患者等の理解を得るよう努めなければならない。

2　病院、診療所、病原体等の検査を行っている機関、老人福祉施設等の施設の開設者及び管理者は、当該施設において感染症が発生し、又はまん延しないように必要な措置を講ずるよう努めなければならない。

（獣医師等の責務）
第五条の二　獣医師その他の獣医療関係者は、感染症の予防に関し国及び地方公共団体が講ずる施策に協力するとともに、その予防に寄与するよう努めなければならない。

2　動物等取扱業者（動物又はその死体の輸入、保管、貸出し、販売又は遊園地、動物園、博覧会の会場その他不特定かつ多数の者が入場する施設若しくは場所における展示を業として行う者をいう。）は、その輸入し、保管し、貸出しを行い、販売し、又は展示する動物又はその死体が感染症を人に感染させることがないように、感染症の予防に関する知識及び技術の習得、動物又はその死体の適切な管理その他の必要な措置を講ずるよう努めなければならない。

（定義等）
第六条　この法律において「感染症」とは、一類感染症、二類感染症、三類感染症、四類感染症、五類感染症、新型インフルエンザ等感染症、指定感染症及び新感染症をいう。

2　この法律において「一類感染症」とは、次に掲げる感染性の疾病をいう。
一　エボラ出血熱
二　クリミア・コンゴ出血熱
三　痘そう
四　南米出血熱
五　ペスト
六　マールブルグ病
七　ラッサ熱

3　この法律において「二類感染症」とは、次に掲げる感染性の疾病をいう。
一　急性灰白髄炎
二　結核
三　ジフテリア
四　重症急性呼吸器症候群（病原体がコロナウイルス属ＳＡＲＳコロナウイルスであるものに限る。）
五　鳥インフルエンザ（病原体がインフルエンザウイルスＡ属インフルエンザＡウイルスであってその血清亜型がＨ五Ｎ一であるものに限る。第五項第七号において「鳥インフルエンザ（Ｈ五Ｎ一）」という。）

4 この法律において「三類感染症」とは、次に掲げる感染性の疾病をいう。
　一　コレラ
　二　細菌性赤痢
　三　腸管出血性大腸菌感染症
　四　腸チフス
　五　パラチフス
5 この法律において「四類感染症」とは、次に掲げる感染性の疾病をいう。
　一　E型肝炎
　二　A型肝炎
　三　黄熱
　四　Q熱
　五　狂犬病
　六　炭疽
　七　鳥インフルエンザ（鳥インフルエンザ（H五N一）を除く。）
　八　ボツリヌス症
　九　マラリア
　十　野兎病
　十一　前各号に掲げるもののほか、既に知られている感染性の疾病であって、動物又はその死体、飲食物、衣類、寝具その他の物件を介して人に感染し、前各号に掲げるものと同程度に国民の健康に影響を与えるおそれがあるものとして政令で定めるもの
6 この法律において「五類感染症」とは、次に掲げる感染性の疾病をいう。
　一　インフルエンザ（鳥インフルエンザ及び新型インフルエンザ等感染症を除く。）
　二　ウイルス性肝炎（E型肝炎及びA型肝炎を除く。）
　三　クリプトスポリジウム症
　四　後天性免疫不全症候群
　五　性器クラミジア感染症
　六　梅毒
　七　麻しん
　八　メチシリン耐性黄色ブドウ球菌感染症
　九　前各号に掲げるもののほか、既に知られている感染性の疾病（四類感染症を除く。）であって、前各号に掲げるものと同程度に国民の健康に影響を与えるおそれがあるものとして厚生労働省令で定めるもの
7 この法律において「新型インフルエンザ等感染症」とは、次に掲げる感染性の疾病をいう。
　一　新型インフルエンザ（新たに人から人に伝染する能力を有することとなったウイルスを病原体とするインフルエンザであって、一般に国民が当該感染症に対する免疫を獲得していないことから、当該感染症の全国的かつ急速なまん延により国民の生命及び健康に重大な影響を与えるおそれがあると認められるものをいう。）
　二　再興型インフルエンザ（かつて世界的規模で流行したインフルエンザであってその後流行することなく長期間が経過しているものとして厚生労働大臣が定めるものが再興したものであって、一般に現在の国民の大部分が当該感染症に対する免疫を獲得していないことから、当該感染症の全国的かつ急速なまん延により国民の生命及び健康に重大な影響を与えるおそれがあると認められるものをいう。）
8 この法律において「指定感染症」とは、既に知られている感染性の疾病（一類感染症、二類感染症、三類感染症及び新型インフルエンザ等感染症を除く。）であって、第三章から第七章までの規定の全部又は一部を準用しなければ、当該疾病のまん延により国民の生命及び健康に重大な影響を与えるおそれがあるものとして政令で定めるものをいう。
9 この法律において「新感染症」とは、人から人に伝染すると認められる疾病であって、既に知られている感染性の疾病とその病状又は治療の結果が明らかに異なるもので、当該疾病にかかった場合の病状の程度が重篤であり、かつ、当該疾病のまん延により国民の生命及び健康に重大な影響を与えるおそれがあると認められるものをいう。
10 この法律において「疑似症患者」とは、感染症の疑似症を呈している者をいう。
11 この法律において「無症状病原体保有者」とは、感染症の病原体を保有している者であって当該感染症の症状を呈していないものをいう。
12 ～ 24 　（略）

第七条　（略）

（疑似症患者及び無症状病原体保有者に対するこの法律の適用）
第八条　一類感染症の疑似症患者又は二類感染症のうち政令で定めるものの疑似症患者については、それぞれ一類感染症の患者又は二類感染症の患者とみなして、この法律の規定を適用する。
2 　新型インフルエンザ等感染症の疑似症患者であって当該感染症にかかっていると疑うに足りる正当な理由のあるものについては、新型インフルエンザ等感染症の患者とみなして、この法律の規定を適用する。
3 　一類感染症の無症状病原体保有者又は新型インフルエンザ等感染症の無症状病原体保有者については、それぞれ一類感染症の患者又は新型インフルエンザ等感染症の患者とみなして、この法律の規定を適用する。

第二章　基本指針等

第九条～第十一条　（略）

第三章　感染症に関する情報の収集及び公表（抄）

第十二条　（略）

（獣医師の届出）
第十三条　獣医師は、一類感染症、二類感染症、三類感染症、四類感染症又は新型インフルエンザ等感染症のうちエボラ出血熱、マールブルグ病その他の政令で定める感染症ごとに当該感染症を人に感染させるおそれが高いものとして政令で定めるサルその他の動物について、当該動物が当該感染症にかかり、又はかかっている疑いがあると診断したときは、直ちに、当該動物の所有者（所有者以外の者が管理する場合においては、その者。以下この条において同じ。）の氏名その他厚生労働省令で定める事項を最寄りの保健所長を経由して都道府県知事に届け出なければならない。ただし、当該動物が実験のために当該感染症に感染させられている場合は、この限りでない。
2 　前項の政令で定める動物の所有者は、獣医師の診断を受けない場合において、当該動物が同項の政令で定める感染症にかかり、又はかかっている疑いがあると認めたときは、同項の規定による届出を行わなければならない。ただし、当該動物が実験のために当該感染症に感染させられている場合は、この限りでない。
3 　前二項の規定による届出を受けた都道府県知事は、直ちに、当該

117

届出の内容を厚生労働大臣に報告しなければならない。

4 都道府県知事は、その管轄する区域外において飼育されていた動物について第一項又は第二項の規定による届出を受けたときは、当該届出の内容を、当該動物が飼育されていた場所を管轄する都道府県知事に通報しなければならない。

5 第一項及び前二項の規定は獣医師が第一項の政令で定める動物の死体について当該動物が同項の政令で定める感染症にかかり、又はかかっていた疑いがあると検案した場合について、前三項の規定は所有者が第一項の政令で定める動物の死体について当該動物が同項の政令で定める感染症にかかり、又はかかっていた疑いがあると認めた場合について準用する。

第十四条 （略）

（感染症の発生の状況、動向及び原因の調査）

第十五条 都道府県知事は、感染症の発生を予防し、又は感染症の発生の状況、動向及び原因を明らかにするため必要があると認めるときは、当該職員に一類感染症、二類感染症、三類感染症、四類感染症、五類感染症若しくは新型インフルエンザ等感染症の患者、疑似症患者及び無症状病原体保有者、新感染症の所見がある者又は感染症を人に感染させるおそれがある動物若しくはその死体の所有者若しくは管理者その他の関係者に質問させ、又は必要な調査をさせることができる。

2 厚生労働大臣は、感染症の発生を予防し、又はそのまん延を防止するため緊急の必要があると認めるときは、当該職員に一類感染症、二類感染症、三類感染症、四類感染症、五類感染症若しくは新型インフルエンザ等感染症の患者、疑似症患者及び無症状病原体保有者、新感染症の所見がある者又は感染症を人に感染させるおそれがある動物若しくはその死体の所有者若しくは管理者その他の関係者に質問させ、又は必要な調査をさせることができる。

3 一類感染症、二類感染症、三類感染症、四類感染症、五類感染症若しくは新型インフルエンザ等感染症の患者、疑似症患者及び無症状病原体保有者、新感染症の所見がある者又は感染症を人に感染させるおそれがある動物若しくはその死体の所有者若しくは管理者その他の関係者は、前二項の規定による質問又は必要な調査に協力するよう努めなければならない。

4 第一項及び第二項の職員は、その身分を示す証明書を携帯し、かつ、関係者の請求があるときは、これを提示しなければならない。

5 都道府県知事は、厚生労働省令で定めるところにより、第一項の規定により実施された質問又は必要な調査の結果を厚生労働大臣に報告しなければならない。

6 都道府県知事は、第一項の規定を実施するため特に必要があると認めるときは、他の都道府県知事又は厚生労働大臣に感染症の治療の方法の研究、病原体等の検査その他の感染症に関する試験研究又は検査を行っている機関の職員の派遣その他同項の規定による質問又は必要な調査を実施するため必要な協力を求めることができる。

7 第四項の規定は、前項の規定により派遣された職員について準用する。

8 第四項の証明書に関し必要な事項は、厚生労働省令で定める。

第十五条の二～第十六条の二 （略）

第四章　健康診断、就業制限及び入院

第十七条～第二十六条の二 （略）

第五章　消毒その他の措置（抄）

第二十七条～第二十八条 （略）

（物件に係る措置）

第二十九条 都道府県知事は、一類感染症、二類感染症、三類感染症、四類感染症又は新型インフルエンザ等感染症の発生を予防し、又はそのまん延を防止するため必要があると認めるときは、厚生労働省令で定めるところにより、当該感染症の病原体に汚染され、又は汚染された疑いがある飲食物、衣類、寝具その他の物件について、その所持者に対し、当該物件の移動を制限し、若しくは禁止し、消毒、廃棄その他当該感染症の発生を予防し、又はそのまん延を防止するために必要な措置をとるべきことを命ずることができる。

2 都道府県知事は、前項に規定する命令によっては一類感染症、二類感染症、三類感染症、四類感染症又は新型インフルエンザ等感染症の発生を予防し、又はそのまん延を防止することが困難であると認めるときは、厚生労働省令で定めるところにより、当該感染症の病原体に汚染され、又は汚染された疑いがある飲食物、衣類、寝具その他の物件について、市町村に消毒するよう指示し、又は当該都道府県の職員に消毒、廃棄その他当該感染症の発生を予防し、若しくはそのまん延を防止するために必要な措置をとらせることができる。

第三十条～第三十四条 （略）

（質問及び調査）

第三十五条 都道府県知事は、第二十七条から第三十三条までに規定する措置を実施するため必要があると認めるときは、当該職員に一類感染症、二類感染症、三類感染症、四類感染症若しくは新型インフルエンザ等感染症の患者がいる場所若しくはいた場所、当該感染症により死亡した者の死体がある場所若しくはあった場所、当該感染症を人に感染させるおそれがある動物がいる場所若しくはいた場所、当該感染症により死亡した動物の死体がある場所若しくはあった場所その他当該感染症の病原体に汚染された場所若しくは汚染された疑いがある場所に立ち入り、一類感染症、二類感染症、三類感染症、四類感染症若しくは新型インフルエンザ等感染症の患者、疑似症患者若しくは無症状病原体保有者若しくは当該感染症を人に感染させるおそれがある動物若しくはその死体の所有者若しくは管理者その他の関係者に質問させ、又は必要な調査をさせることができる。

2 前項の職員は、その身分を示す証明書を携帯し、かつ、関係者の請求があるときは、これを提示しなければならない。

3 第一項の規定は、犯罪捜査のために認められたものと解釈してはならない。

4 前三項の規定は、市町村長が第二十七条第二項、第二十八条第二項、第二十九条第二項又は第三十一条第二項に規定する措置を実施するため必要があると認める場合について準用する。

5 第二項の証明書に関し必要な事項は、厚生労働省令で定める。

第三十六条 （略）

第六章　医療

第三十七条～第四十四条 （略）

第七章　新型インフルエンザ等感染症

第四十四条の二～第四十四条の五　（略）

第八章　新感染症

第四十四条の六～第五十三条　（略）

第九章　結核

第五十三条の二～第五十三条の十五　（略）

第十章　感染症の病原体を媒介するおそれのある動物の輸入に関する措置（抄）

（輸入禁止）

第五十四条　何人も、感染症を人に感染させるおそれが高いものとして政令で定める動物（以下「指定動物」という。）であって次に掲げるものを輸入してはならない。ただし、第一号の厚生労働省令、農林水産省令で定める地域から輸入しなければならない特別の理由がある場合において、厚生労働大臣及び農林水産大臣の許可を受けたときは、この限りでない。

一　感染症の発生の状況その他の事情を考慮して指定動物ごとに厚生労働省令、農林水産省令で定める地域から発送されたもの

二　前号の厚生労働省令、農林水産省令で定める地域を経由したもの

（輸入検疫）

第五十五条　指定動物を輸入しようとする者（以下「輸入者」という。）は、輸出国における検査の結果、指定動物ごとに政令で定める感染症にかかっていない旨又はかかっている疑いがない旨その他厚生労働省令、農林水産省令で定める事項を記載した輸出国の政府機関により発行された証明書又はその写しを添付しなければならない。

2　指定動物は、農林水産省令で定める港又は飛行場以外の場所で輸入してはならない。

3　輸入者は、農林水産省令で定めるところにより、当該指定動物の種類及び数量、輸入の時期及び場所その他農林水産省令で定める事項を動物検疫所に届け出なければならない。この場合において、動物検疫所長は、次項の検査を円滑に実施するため特に必要があると認めるときは、当該届出をした者に対し、当該届出に係る輸入の時期又は場所を変更すべきことを指示することができる。

4　輸入者は、動物検疫所又は第二項の規定により定められた港若しくは飛行場内の家畜防疫官が指定した場所において、指定動物について、第一項の政令で定める感染症にかかっているかどうか、又はその疑いがあるかどうかについての家畜防疫官による検査を受けなければならない。ただし、特別の理由があるときは、農林水産大臣の指定するその他の場所で検査を行うことができる。

5　家畜防疫官は、前項の検査を実施するため必要があると認めるときは、当該検査を受ける者に対し、必要な指示をすることができる。

6　前各項に規定するもののほか、指定動物の検疫に関し必要な事項は、農林水産省令で定める。

第五十六条　（略）

（輸入届出）

第五十六条の二　動物（指定動物を除く。）のうち感染症を人に感染させるおそれがあるものとして厚生労働省令で定めるもの又は動物の死体のうち感染症を人に感染させるおそれがあるものとして厚生労働省令で定めるもの（以下この条及び第七十七条第九号において「届出動物等」という。）を輸入しようとする者は、厚生労働省令で定めるところにより、当該届出動物等の種類、数量その他厚生労働省令で定める事項を記載した届出書を厚生労働大臣に提出しなければならない。この場合において、当該届出書には、輸出国における検査の結果、届出動物等ごとに厚生労働省令で定める感染症にかかっていない旨又はかかっている疑いがない旨その他厚生労働省令で定める事項を記載した輸出国の政府機関により発行された証明書又はその写しを添付しなければならない。

2　前項に規定するもののほか、届出動物等の輸入の届出に関し必要な事項は、厚生労働省令で定める。

第十一章　特定病原体等

第五十六条の三～第五十六条の三十八　（略）

第十二章　費用負担

第五十七条～第六十三条　（略）

第十三章　雑則

第六十三条の二～第六十六条　（略）

第十四章　罰則

第六十七条～第八十一条　（略）

狂犬病予防法（抄）
（昭和二十五年八月二十六日法律第二百四十七号）

最終改正：平成二六年六月一三日法律第六九号
（最終改正までの未施行法令）
平成二十六年六月十三日法律第六十九号（未施行）

第一章　総則（抄）

（目的）

第一条　この法律は、狂犬病の発生を予防し、そのまん延を防止し、及びこれを撲滅することにより、公衆衛生の向上及び公共の福祉の増進を図ることを目的とする。

（適用範囲）

第二条　この法律は、次に掲げる動物の狂犬病に限りこれを適用する。ただし、第二号に掲げる動物の狂犬病については、この法律の規定中第七条から第九条まで、第十一条、第十二条及び第十四条の規定並びにこれらの規定に係る第四章及び第五章の規定に限りこれを適用する。
　一　犬
　二　猫その他の動物（牛、馬、めん羊、山羊、豚、鶏及びあひる（次項において「牛等」という。）を除く。）であつて、狂犬病を人に感染させるおそれが高いものとして政令で定めるもの

2　犬及び牛等以外の動物について狂犬病が発生して公衆衛生に重大な影響があると認められるときは、政令で、動物の種類、期間及び地域を指定してこの法律の一部（前項第二号に掲げる動物の狂犬病については、同項ただし書に規定する規定を除く。次項において同じ。）を準用することができる。この場合において、その期間は、一年を超えることができない。

3　（略）

（狂犬病予防員）

第三条　都道府県知事は、当該都道府県の職員で獣医師であるもののうちから狂犬病予防員（以下「予防員」という。）を任命しなければならない。

2　（略）

第二章　通常措置（抄）

（登録）

第四条　犬の所有者は、犬を取得した日（生後九十日以内の犬を取得した場合にあつては、生後九十日を経過した日）から三十日以内に、厚生労働省令の定めるところにより、その犬の所在地を管轄する市町村長（特別区にあつては、区長。以下同じ。）に犬の登録を申請しなければならない。ただし、この条の規定により登録を受けた犬については、この限りでない。

2　市町村長は、前項の登録の申請があつたときは、原簿に登録し、その犬の所有者に犬の鑑札を交付しなければならない。

3　犬の所有者は、前項の鑑札をその犬に着けておかなければならない。

4　第一項及び第二項の規定により登録を受けた犬の所有者は、犬が死亡したとき又は犬の所在地その他厚生労働省令で定める事項を変更したときは、三十日以内に、厚生労働省令の定めるところにより、その犬の所在地（犬の所在地を変更したときにあつては、その犬の新所在地）を管轄する市町村長に届け出なければならない。

5　第一項及び第二項の規定により登録を受けた犬について所有者の変更があつたときは、新所有者は、三十日以内に、厚生労働省令の定めるところにより、その犬の所在地を管轄する市町村長に届け出なければならない。

6　前各項に定めるもののほか、犬の登録及び鑑札の交付に関して必要な事項は、政令で定める。

（予防注射）

第五条　犬の所有者（所有者以外の者が管理する場合には、その者。以下同じ。）は、その犬について、厚生労働省令の定めるところにより、狂犬病の予防注射を毎年一回受けさせなければならない。

2　市町村長は、政令の定めるところにより、前項の予防注射を受けた犬の所有者に注射済票を交付しなければならない。

3　犬の所有者は、前項の注射済票をその犬に着けておかなければならない。

（抑留）

第六条　予防員は、第四条に規定する登録を受けず、若しくは鑑札を着けず、又は第五条に規定する予防注射を受けず、若しくは注射済票を着けていない犬があると認めたときは、これを抑留しなければならない。

2〜10　（略）

（輸出入検疫）

第七条　何人も、検疫を受けた犬等（犬又は第二条第一項第二号に掲げる動物をいう。以下同じ。）でなければ輸出し、又は輸入してはならない。

2　前項の検疫に関する事務は、農林水産大臣の所管とし、その検疫に関する事項は、農林水産省令でこれを定める。

第三章　狂犬病発生時の措置（抄）

（届出義務）

第八条　狂犬病にかかつた犬等若しくは狂犬病にかかつた疑いのある犬等又はこれらの犬等にかまれた犬等については、これを診断し、又はその死体を検案した獣医師は、厚生労働省令の定めるところにより、直ちに、その犬等の所在地を管轄する保健所長にその旨を届け出なければならない。ただし、獣医師の診断又は検案を受けない場合においては、その犬等の所有者がこれをしなければならない。

2　保健所長は、前項の届出があつたときは、政令の定めるところにより、直ちに、その旨を都道府県知事に報告しなければならない。

3　都道府県知事は、前項の報告を受けたときは、厚生労働大臣に報告し、且つ、隣接都道府県知事に通報しなければならない。

（隔離義務）

第九条 前条第一項の犬等を診断した獣医師又はその所有者は、直ちに、その犬等を隔離しなければならない。ただし、人命に危険があつて緊急やむを得ないときは、殺すことを妨げない。

2 （略）

（公示及びけい留命令等）

第十条 都道府県知事は、狂犬病（狂犬病の疑似症を含む。以下この章から第五章まで同じ。）が発生したと認めたときは、直ちに、その旨を公示し、区域及び期間を定めて、その区域内のすべての犬に口輪をかけ、又はこれをけい留することを命じなければならない。

（殺害禁止）

第十一条 第九条第一項の規定により隔離された犬等は、予防員の許可を受けなければこれを殺してはならない。

（死体の引渡し）

第十二条 第八条第一項に規定する犬等が死んだ場合には、その所有者は、その死体を検査又は解剖のため予防員に引き渡さなければならない。ただし、予防員が許可した場合又はその引取りを必要としない場合は、この限りでない。

（検診及び予防注射）

第十三条 都道府県知事は、狂犬病が発生した場合において、そのまん延の防止及び撲滅のため必要と認めるときは、期間及び区域を定めて予防員をして犬の一せい検診をさせ、又は臨時の予防注射を行わせることができる。

（病性鑑定のための措置）

第十四条 予防員は、政令の定めるところにより、病性鑑定のため必要があるときは、都道府県知事の許可を受けて、犬等の死体を解剖し、又は解剖のため狂犬病にかかつた犬等を殺すことができる。

2 （略）

（移動の制限）

第十五条 都道府県知事は、狂犬病のまん延の防止及び撲滅のため必要と認めるときは、期間及び区域を定めて、犬又はその死体の当該都道府県の区域内における移動、当該都道府県内への移入又は当該都道府県外への移出を禁止し、又は制限することができる。

（交通のしや断又は制限）

第十六条 都道府県知事は、狂犬病が発生した場合において緊急の必要があると認めるときは、厚生労働省令の定めるところにより、期間を定めて、狂犬病にかかつた犬の所在の場所及びその附近の交通をしや断し、又は制限することができる。但し、その期間は、七十二時間をこえることができない。

（集合施設の禁止）

第十七条 都道府県知事は、狂犬病のまん延の防止及び撲滅のため必要と認めるときは、犬の展覧会その他の集合施設の禁止を命ずることができる。

（けい留されていない犬の抑留）

第十八条 都道府県知事は、狂犬病のまん延の防止及び撲滅のため必要と認めるときは、予防員をして第十条の規定によるけい留の命令が発せられているにかかわらずけい留されていない犬を抑留さ

せることができる。

2 （略）

（けい留されていない犬の薬殺）

第十八条の二 都道府県知事は、狂犬病のまん延の防止及び撲滅のため緊急の必要がある場合において、前条第一項の規定による抑留を行うについて著しく困難な事情があると認めるときは、区域及び期間を定めて、予防員をして第十条の規定によるけい留の命令が発せられているにかかわらずけい留されていない犬を薬殺させることができる。この場合において、都道府県知事は、人又は他の家畜に被害を及ぼさないように、当該区域内及びその近傍の住民に対して、けい留されていない犬を薬殺する旨を周知させなければならない。

2 （略）

第十九条 （略）

第四章　補則

第二十条〜第二十五条の三 （略）

第五章　罰則

第二十六条 次の各号の一に該当する者は、三十万円以下の罰金に処する。

一　第七条の規定に違反して検疫を受けない犬等（第二条第二項の規定により準用した場合における動物を含む。以下この条及び次条において同じ。）を輸出し、又は輸入した者

二　第八条第一項の規定に違反して犬等についての届出をしなかつた者

三　第九条第一項の規定に違反して犬等を隔離しなかつた者

第二十七条 次の各号の一に該当する者は、二十万円以下の罰金に処する。

一　第四条の規定に違反して犬（第二条第二項の規定により準用した場合における動物を含む。以下この条において同じ。）の登録の申請をせず、鑑札を犬に着けず、又は届出をしなかつた者

二　第五条の規定に違反して犬に予防注射を受けさせず、又は注射済票を着けなかつた者

三　第九条第二項に規定する犬等の隔離についての指示に従わなかつた者

四　第十条に規定する犬に口輪をかけ、又はこれをけい留する命令に従わなかつた者

五　第十一条の規定に違反して犬等を殺した者

六　第十二条の規定に違反して犬等の死体を引き渡さなかつた者

七　第十三条に規定する犬の検診又は予防注射を受けさせなかつた者

八　第十五条に規定する犬又はその死体の移動、移入又は移出の禁止又は制限に従わなかつた者

九　第十六条に規定する犬の狂犬病のための交通のしや断又は制限に従わなかつた者

十　第十七条に規定する犬の集合施設の禁止の命令に従わなかつた者

第二十八条 第十八条第二項において準用する第六条第四項の規定に違反した者は、拘留又は科料に処する。

狂犬病予防法施行令（抜粋）
（昭和二十八年八月三十一日政令第二百三十六号）

最終改正：平成一二年六月七日政令第三〇九号

（法の規定の一部が適用される動物）
第一条 狂犬病予防法（以下「法」という。）第二条第一項第二号の政令で定める動物は、猫、あらいぐま、きつね及びスカンクとする。

狂犬病予防法施行規則（抜粋）
（昭和二十五年九月二十二日厚生省令第五十二号）

最終改正：平成二三年五月二〇日厚生労働省令第六三号

（登録の申請）
第三条 法第四条第一項の規定により登録の申請をしようとする者は、次に掲げる事項を記載した申請書を提出しなければならない。
　一　所有者の氏名及び住所（法人にあつては、その名称及び主たる事務所の所在地。以下同じ。）
　二　犬の所在地
　三　犬の種類
　四　犬の生年月日
　五　犬の毛色
　六　犬の性別
　七　犬の名
　八　前五号のほか犬の特徴となるべき事項

（鑑札の内容等）
第五条 法第四条第二項の規定に基づき市町村長（特別区にあつては、区長。次項及び第十二条第四項を除き、以下同じ。）が交付する鑑札は、次に掲げる条件（保健所を設置する市の市長又は特別区の区長が交付する鑑札にあつては、第二号ハに掲げるものを除く。）を具備したものでなければならない。ただし、市町村長が別に鑑札を定めたときは、次の第一号から第三号までに掲げる条件を満たす限りにおいて、当該鑑札によることができる。
　一　耐久性のある材料で造られ、首輪、胴輪その他その犬が着用するものに付着させることができるものであること。
　二　次に掲げる事項が記載されていること。
　　イ　「犬鑑札」の文字
　　ロ　登録番号
　　ハ　都道府県名又は都道府県名を特定できるものとして厚生労働大臣が定める文字、数字等
　　ニ　市町村（特別区を含む。以下同じ。）の名称を特定できる文字、数字等
　三　前号イに掲げる事項については、識別しやすい色の文字で表示するものとし、日本工業規格Ｚ八三〇五に規定する十二ポイント以上の大きさの文字を用いること。
　四　次のいずれかに該当するものであること。
　　イ　十五ミリメートル以上の短径とし、短径と長径の比が五対七となる大きさの楕円形
　　ロ　十五ミリメートル以上の短辺とし、短辺と長辺の比が三対四となる大きさの長方形
　2　（略）

（鑑札の再交付）
第六条 犬の所有者は、鑑札を亡失し、又は損傷したときは、その事由を書き、損傷した場合には、その鑑札を添え、三十日以内に犬の所在地の市町村長に再交付を申請しなければならない。
　2　前項の規定により鑑札の再交付を申請した後、亡失した鑑札を発見したときは、五日以内に犬の所在地の市町村長にこれを提出しなければならない。

（予防注射の時期）
第十一条 生後九十一日以上の犬（次項に規定する犬であつて、三月二日から六月三十日までの間に所有されるに至つたものを除く。）の所有者は、法第五条第一項の規定により、その犬について、狂犬病の予防注射を四月一日から六月三十日までの間に一回受けさせなければならない。ただし、三月二日以降において既に狂犬病の予防注射を受けた犬については、この限りでない。
　2　生後九十一日以上の犬であつて、三月二日（一月一日から五月三十一日までの間にその犬を所有するに至つた場合においては、前年の三月二日）以降に狂犬病の予防注射を受けていないもの又は受けたかどうか明らかでないものを所有するに至つた者は、法第五条第一項の規定により、その犬について、その犬を所有するに至つた日から三十日以内に狂犬病の予防注射を受けさせなければならない。
　3　（略）

（注射済票の交付）
第十二条 獣医師が狂犬病の予防注射を行つたときは、その犬の所有者（所有者以外の者が管理する場合にはその者。以下同じ。）に対して、別記様式第四による注射済証を交付しなければならない。
　2　犬の所有者は、前項に規定する注射済証を市町村長に提示し、注射済票の交付を受けなければならない。
　3　前項の規定に基づき市町村長が交付する注射済票は、次に掲げる条件（保健所を設置する市の市長又は特別区の区長が交付する注射済票にあつては、第二号ハに掲げるものを除く。）を具備したものでなければならない。ただし、市町村長が別に注射済票を定めたときは、次の第一号から第四号までに掲げる条件を満たす限りにおいて、当該注射済票によることができる。
　一　耐久性のある材料で造られ、首輪、胴輪、鑑札その他その犬が着用するものに付着させることができるものであること。
　二　次に掲げる事項が記載されていること。

イ 「注射済」の文字

ロ 注射実施年度

ハ 都道府県名又は都道府県名を特定できるものとして厚生労働大臣が定める文字、数字等

ニ 市町村の名称を特定できる文字、数字等

三 前号イに掲げる事項については、識別しやすい色の文字で表示するものとし、日本工業規格Ｚ八三〇五に規定する八ポイント以上の大きさの文字を用いること。

四 色は、平成十九年度に実施する狂犬病の予防注射の注射済票にあつては黄、平成二十年度に実施する狂犬病の予防注射の注射済票にあつては赤、平成二十一年度に実施する狂犬病の予防注射の注射済票にあつては青とし、その後は順次これを繰り返したものであること。

五 次のいずれかに該当するものであること。

イ 十ミリメートル以上の直径の大きさの円形

ロ 十ミリメートル以上の短辺とし、短辺と長辺の比が一対二となる大きさの長方形

4～5 （略）

身体障害者補助犬法（抄）
（平成十四年五月二十九日法律第四十九号）

最終改正：平成二三年六月二四日法律第七四号

第一章　総則

（目的）

第一条　この法律は、身体障害者補助犬を訓練する事業を行う者及び身体障害者補助犬を使用する身体障害者の義務等を定めるとともに、身体障害者が国等が管理する施設、公共交通機関等を利用する場合において身体障害者補助犬を同伴することができるようにするための措置を講ずること等により、身体障害者補助犬の育成及びこれを使用する身体障害者の施設等の利用の円滑化を図り、もって身体障害者の自立及び社会参加の促進に寄与することを目的とする。

（定義）

第二条　この法律において「身体障害者補助犬」とは、盲導犬、介助犬及び聴導犬をいう。

2　この法律において「盲導犬」とは、道路交通法（昭和三十五年法律第百五号）第十四条第一項に規定する政令で定める盲導犬であって、第十六条第一項の認定を受けているものをいう。

3　この法律において「介助犬」とは、肢体不自由により日常生活に著しい支障がある身体障害者のために、物の拾い上げ及び運搬、着脱衣の補助、体位の変更、起立及び歩行の際の支持、扉の開閉、スイッチの操作、緊急の場合における救助の要請その他の肢体不自由を補う補助を行う犬であって、第十六条第一項の認定を受けているものをいう。

4　この法律において「聴導犬」とは、聴覚障害により日常生活に著しい支障がある身体障害者のために、ブザー音、電話の呼出音、その者を呼ぶ声、危険を意味する音等を聞き分け、その者に必要な情報を伝え、及び必要に応じ音源への誘導を行う犬であって、第十六条第一項の認定を受けているものをいう。

第二章　身体障害者補助犬の訓練

（訓練事業者の義務）

第三条　盲導犬訓練施設（身体障害者福祉法（昭和二十四年法律第二百八十三号）第三十三条に規定する盲導犬訓練施設をいう。）を経営する事業を行う者、介助犬訓練事業（同法第四条の二第三項に規定する介助犬訓練事業をいう。）を行う者及び聴導犬訓練事業（同項に規定する聴導犬訓練事業をいう。）を行う者（以下「訓練事業者」という。）は、身体障害者補助犬としての適性を有する犬を選択するとともに、必要に応じ医療を提供する者、獣医師等との連携を確保しつつ、これを使用しようとする各身体障害者に必要とされる補助を適確に把握し、その身体障害者の状況に応じた訓練を行うことにより、良質な身体障害者補助犬を育成しなければならない。

2　訓練事業者は、障害の程度の増進により必要とされる補助が変化することが予想される身体障害者のために前項の訓練を行うに当たっては、医療を提供する者との連携を確保することによりその身体障害者について将来必要となる補助を適確に把握しなければならない。

第四条　訓練事業者は、前条第二項に規定する身体障害者のために身体障害者補助犬を育成した場合には、その身体障害者補助犬の使用状況の調査を行い、必要に応じ再訓練を行わなければならない。

（厚生労働省令への委任）

第五条　前二条に規定する身体障害者補助犬の訓練に関し必要な事項は、厚生労働省令で定める。

第三章　身体障害者補助犬の使用に係る適格性

第六条　身体障害者補助犬を使用する身体障害者は、自ら身体障害者補助犬の行動を適切に管理することができる者でなければならない。

第四章　施設等における身体障害者補助犬の同伴等

（国等が管理する施設における身体障害者補助犬の同伴等）

第七条　国等（国及び地方公共団体並びに独立行政法人（独立行政法人通則法（平成十一年法律第百三号）第二条第一項に規定する独立行政法人をいう。）、特殊法人（法律により直接に設立された法人又は特別の法律により特別の設立行為をもって設立された法人であって、総務省設置法（平成十一年法律第九十一号）第四条第十五号の規定の適用を受けるものをいう。）その他の政令で定める公共法人をいう。以下同じ。）は、その管理する施設を身体障害者が利用する場合において身体障害者補助犬（第十二条第一項に規定する表示をしたものに限る。以下この項及び次項並びに次条から第十条までにおいて同じ。）を同伴することを拒んではならない。ただし、身体障害者補助犬の同伴により当該施設に著しい損害が発生し、又は当該施設を利用する者が著しい損害を受けるおそれがある場合その他のやむを得ない理由がある場合は、この限りでない。

2　前項の規定は、国等の事業所又は事務所に勤務する身体障害者が当該事業所又は事務所において身体障害者補助犬を使用する場合について準用する。この場合において、同項ただし書中「身体障害者補助犬の同伴により当該施設に著しい損害が発生し、又は当該施設を利用する者が著しい損害を受けるおそれがある場合」とあるのは、「身体障害者補助犬の使用により国等の事業の遂行に著しい支障が生ずるおそれがある場合」と読み替えるものとする。

3　第一項の規定は、国等が管理する住宅に居住する身体障害者が当該住宅において身体障害者補助犬を使用する場合について準用する。

（公共交通機関における身体障害者補助犬の同伴）

第八条　公共交通事業者等（高齢者、障害者等の移動等の円滑化の促進に関する法律（平成十八年法律第九十一号）第二条第四号に規定する公共交通事業者等をいう。以下同じ。）は、その管理する旅客施設（同条第五号に規定する旅客施設をいう。以下同じ。）及び旅客の運送を行うためその事業の用に供する車両等（車両、自動

車、船舶及び航空機をいう。以下同じ。）を身体障害者が利用する場合において身体障害者補助犬を同伴することを拒んではならない。ただし、身体障害者補助犬の同伴により当該旅客施設若しくは当該車両等に著しい損害が発生し、又はこれらを利用する者が著しい損害を受けるおそれがある場合その他のやむを得ない理由がある場合は、この限りでない。

（不特定かつ多数の者が利用する施設における身体障害者補助犬の同伴）

第九条　前二条に定めるもののほか、不特定かつ多数の者が利用する施設を管理する者は、当該施設を身体障害者が利用する場合において身体障害者補助犬を同伴することを拒んではならない。ただし、身体障害者補助犬の同伴により当該施設に著しい損害が発生し、又は当該施設を利用する者が著しい損害を受けるおそれがある場合その他のやむを得ない理由がある場合は、この限りでない。

（事業所又は事務所における身体障害者補助犬の使用）

第十条　障害者の雇用の促進等に関する法律（昭和三十五年法律第百二十三号）第四十三条第一項の規定により算定した同項に規定する法定雇用障害者数が一人以上である場合の同項の事業主が雇用する同項の労働者の数のうち最小の数を勘案して政令で定める数以上の同項の労働者を雇用している事業主（国等を除く。）並びに当該事業主が同法第四十四条第一項の親事業主である場合の同項の子会社及び当該事業主が同法第四十五条第一項に規定する親事業主である場合の同項の関係会社（以下「障害者雇用事業主」という。）は、その事業所又は事務所に勤務する身体障害者が当該事業所又は事務所において身体障害者補助犬を使用することを拒んではならない。ただし、身体障害者補助犬の使用により当該障害者雇用事業主の事業の遂行に著しい支障が生ずるおそれがある場合その他のやむを得ない理由がある場合は、この限りでない。

2　障害者雇用事業主以外の事業主（国等を除く。）は、その事業所又は事務所に勤務する身体障害者が当該事業所又は事務所において身体障害者補助犬を使用することを拒まないよう努めなければならない。

（住宅における身体障害者補助犬の使用）

第十一条　住宅を管理する者（国等を除く。）は、その管理する住宅に居住する身体障害者が当該住宅において身体障害者補助犬を使用することを拒まないよう努めなければならない。

（身体障害者補助犬の表示等）

第十二条　この章に規定する施設等（住宅を除く。）の利用等を行う場合において身体障害者補助犬を同伴し、又は使用する身体障害者は、厚生労働省令で定めるところにより、その身体障害者補助犬に、その者のために訓練された身体障害者補助犬である旨を明らかにするための表示をしなければならない。

2　この章に規定する施設等の利用等を行う場合において身体障害者補助犬を同伴し、又は使用する身体障害者は、その身体障害者補助犬が公衆衛生上の危害を生じさせるおそれがない旨を明らかにするため必要な厚生労働省令で定める書類を所持し、関係者の請求があるときは、これを提示しなければならない。

（身体障害者補助犬の行動の管理）

第十三条　この章に規定する施設等の利用等を行う場合において身体障害者補助犬を同伴し、又は使用する身体障害者は、その身体障害者補助犬が他人に迷惑を及ぼすことがないようその行動を十分管理しなければならない。

（表示の制限）

第十四条　何人も、この章に規定する施設等の利用等を行う場合において身体障害者補助犬以外の犬を同伴し、又は使用するときは、その犬に第十二条第一項の表示又はこれと紛らわしい表示をしてはならない。ただし、身体障害者補助犬となるため訓練中である犬又は第十六条第一項の認定を受けるため試験中である犬であって、その旨が明示されているものについては、この限りでない。

第五章　身体障害者補助犬に関する認定等（抄）

第十五条　（略）

（同伴に係る身体障害者補助犬に必要な能力の認定）

第十六条　指定法人は、身体障害者補助犬とするために育成された犬（当該指定法人が訓練事業者として自ら育成した犬を含む。）であって当該指定法人に申請があったものについて、身体障害者がこれを同伴して不特定かつ多数の者が利用する施設等を利用する場合において他人に迷惑を及ぼさないことその他適切な行動をとる能力を有すると認める場合には、その旨の認定を行わなければならない。

2　指定法人は、前項の規定による認定をした身体障害者補助犬について、同項に規定する能力を欠くこととなったと認める場合には、当該認定を取り消さなければならない。

第十七条～第二十条　（略）

第六章　身体障害者補助犬の衛生の確保等（抄）

（身体障害者補助犬の取扱い）

第二十一条　訓練事業者及び身体障害者補助犬を使用する身体障害者は、犬の保健衛生に関し獣医師の行う指導を受けるとともに、犬を苦しめることなく愛情をもって接すること等により、これを適正に取り扱わなければならない。

（身体障害者補助犬の衛生の確保）

第二十二条　身体障害者補助犬を使用する身体障害者は、その身体障害者補助犬について、体を清潔に保つとともに、予防接種及び検診を受けさせることにより、公衆衛生上の危害を生じさせないよう努めなければならない。

第二十三条～第二十四条　（略）

第七章　雑則（抄）

（苦情の申出等）

第二十五条　身体障害者又は第四章に規定する施設等を管理する者（事業所又は事務所にあっては当該事業所又は事務所の事業主とし、公共交通事業者等が旅客の運送を行うためその事業の用に供する車両等にあっては当該公共交通事業者等とする。以下同じ。）は、当該施設等の所在地（公共交通事業者等が旅客の運送を行うためその事業の用に供する車両等にあっては、当該公共交通事業者等の営業所の所在地）を管轄する都道府県知事に対し、当該施設等における当該身体障害者による身体障害者補助犬の同伴又は使用に関する苦情の申出をすることができる。

2　都道府県知事は、前項の苦情の申出があったときは、その相談に応ずるとともに、当該苦情に係る身体障害者又は第四章に規定する施設等を管理する者に対し、必要な助言、指導等を行うほか、

125

必要に応じて、関係行政機関の紹介を行うものとする。

3　都道府県知事は、第一項の苦情の申出を受けた場合において当該苦情を適切に処理するため必要があると認めるときは、関係行政機関の長若しくは関係地方公共団体の長又は訓練事業者若しくは指定法人に対し、必要な資料の送付、情報の提供その他の協力を求めることができる。

第二十六条　（略）

第八章　罰則

第二十七条　（略）

医薬品、医療機器等の品質、有効性及び安全性の確保等に関する法律（抄）
（昭和三十五年八月十日法律第百四十五号）

最終改正：平成二六年一一月二七日法律第一二二号
（最終改正までの未施行法令）
平成二十五年六月十四日法律第四十四号（未施行）
平成二十六年六月十三日法律第六十九号（未施行）

第一章　総則（抄）

（目的）

第一条　この法律は、医薬品、医薬部外品、化粧品、医療機器及び再生医療等製品（以下「医薬品等」という。）の品質、有効性及び安全性の確保並びにこれらの使用による保健衛生上の危害の発生及び拡大の防止のために必要な規制を行うとともに、指定薬物の規制に関する措置を講ずるほか、医療上特にその必要性が高い医薬品、医療機器及び再生医療等製品の研究開発の促進のために必要な措置を講ずることにより、保健衛生の向上を図ることを目的とする。

第一条の二～第一条の六　（略）

（定義）

第二条　この法律で「医薬品」とは、次に掲げる物をいう。

一　日本薬局方に収められている物

二　人又は動物の疾病の診断、治療又は予防に使用されることが目的とされている物であつて、機械器具等（機械器具、歯科材料、医療用品、衛生用品並びにプログラム（電子計算機に対する指令であつて、一の結果を得ることができるように組み合わされたものをいう。以下同じ。）及びこれを記録した記録媒体をいう。以下同じ。）でないもの（医薬部外品及び再生医療等製品を除く。）

三　人又は動物の身体の構造又は機能に影響を及ぼすことが目的とされている物であつて、機械器具等でないもの（医薬部外品、化粧品及び再生医療等製品を除く。）

2　この法律で「医薬部外品」とは、次に掲げる物であつて人体に対する作用が緩和なものをいう。

一　次のイからハまでに掲げる目的のために使用される物（これらの使用目的のほかに、併せて前項第二号又は第三号に規定する目的のために使用される物を除く。）であつて機械器具等でないもの

イ　吐きけその他の不快感又は口臭若しくは体臭の防止

ロ　あせも、ただれ等の防止

ハ　脱毛の防止、育毛又は除毛

二　人又は動物の保健のためにするねずみ、はえ、蚊、のみその他これらに類する生物の防除の目的のために使用される物（この使用目的のほかに、併せて前項第二号又は第三号に規定する目的のために使用される物を除く。）であつて機械器具等でないもの

三　前項第二号又は第三号に規定する目的のために使用される物（前二号に掲げる物を除く。）のうち、厚生労働大臣が指定するもの

3　この法律で「化粧品」とは、人の身体を清潔にし、美化し、魅力を増し、容貌を変え、又は皮膚若しくは毛髪を健やかに保つために、身体に塗擦、散布その他これらに類似する方法で使用されることが目的とされている物で、人体に対する作用が緩和なものをいう。ただし、これらの使用目的のほかに、第一項第二号又は第三号に規定する用途に使用されることも併せて目的とされている物及び医薬部外品を除く。

4　この法律で「医療機器」とは、人若しくは動物の疾病の診断、治療若しくは予防に使用されること、又は人若しくは動物の身体の構造若しくは機能に影響を及ぼすことが目的とされている機械器具等（再生医療等製品を除く。）であつて、政令で定めるものをいう。

5　この法律で「高度管理医療機器」とは、医療機器であつて、副作用又は機能の障害が生じた場合（適正な使用目的に従い適正に使用された場合に限る。次項及び第七項において同じ。）において人の生命及び健康に重大な影響を与えるおそれがあることからその適切な管理が必要なものとして、厚生労働大臣が薬事・食品衛生審議会の意見を聴いて指定するものをいう。

6　この法律で「管理医療機器」とは、高度管理医療機器以外の医療機器であつて、副作用又は機能の障害が生じた場合において人の生命及び健康に影響を与えるおそれがあることからその適切な管理が必要なものとして、厚生労働大臣が薬事・食品衛生審議会の意見を聴いて指定するものをいう。

7　この法律で「一般医療機器」とは、高度管理医療機器及び管理医療機器以外の医療機器であつて、副作用又は機能の障害が生じた場合においても、人の生命及び健康に影響を与えるおそれがほとんどないものとして、厚生労働大臣が薬事・食品衛生審議会の意見を聴いて指定するものをいう。

8　この法律で「特定保守管理医療機器」とは、医療機器のうち、保守点検、修理その他の管理に専門的な知識及び技能を必要とすることからその適正な管理が行われなければ疾病の診断、治療又は予防に重大な影響を与えるおそれがあるものとして、厚生労働大臣が薬事・食品衛生審議会の意見を聴いて指定するものをいう。

9　この法律で「再生医療等製品」とは、次に掲げる物（医薬部外品及び化粧品を除く。）であつて、政令で定めるものをいう。

一　次に掲げる医療又は獣医療に使用されることが目的とされている物のうち、人又は動物の細胞に培養その他の加工を施したもの

イ　人又は動物の身体の構造又は機能の再建、修復又は形成

ロ　人又は動物の疾病の治療又は予防

二　人又は動物の疾病の治療に使用されることが目的とされている物のうち、人又は動物の細胞に導入され、これらの体内で発現する遺伝子を含有させたもの

10 ～ 11　（略）

12 この法律で「薬局」とは、薬剤師が販売又は授与の目的で調剤の業務を行う場所（その開設者が医薬品の販売業を併せ行う場合には、その販売業に必要な場所を含む。）をいう。ただし、病院若しくは診療所又は飼育動物診療施設の調剤所を除く。

13 この法律で「製造販売」とは、その製造（他に委託して製造をする場合を含み、他から委託を受けて製造をする場合を除く。以下「製造等」という。）をし、又は輸入をした医薬品（原薬たる医薬品を除く。）、医薬部外品、化粧品、医療機器若しくは再生医療等製品を、それぞれ販売し、貸与し、若しくは授与し、又は医療機器プログラム（医療機器のうちプログラムであるものをいう。以下同じ。）を電気通信回線を通じて提供することをいう。

14 この法律で「体外診断用医薬品」とは、専ら疾病の診断に使用されることが目的とされている医薬品のうち、人又は動物の身体に直接使用されることのないものをいう。

15 この法律で「指定薬物」とは、中枢神経系の興奮若しくは抑制又は幻覚の作用（当該作用の維持又は強化の作用を含む。以下「精神毒性」という。）を有する蓋然性が高く、かつ、人の身体に使用された場合に保健衛生上の危害が発生するおそれがある物（大麻取締法（昭和二十三年法律第百二十四号）に規定する大麻、覚せい剤取締法（昭和二十六年法律第二百五十二号）に規定する覚醒剤、麻薬及び向精神薬取締法（昭和二十八年法律第十四号）に規定する麻薬及び向精神薬並びにあへん法（昭和二十九年法律第七十一号）に規定するあへん及びけしがらを除く。）として、厚生労働大臣が薬事・食品衛生審議会の意見を聴いて指定するものをいう。

16 ～ 18 （略）

第二章　地方薬事審議会

第三条　（略）

第三章　薬局

第四条～第十一条　（略）

第四章　医薬品、医薬部外品及び化粧品の製造販売業及び製造業（抄）

（製造販売業の許可）

第十二条　次の表の上欄に掲げる医薬品（体外診断用医薬品を除く。以下この章において同じ。）、医薬部外品又は化粧品の種類に応じ、それぞれ同表の下欄に定める厚生労働大臣の許可を受けた者でなければ、それぞれ、業として、医薬品、医薬部外品又は化粧品の製造販売をしてはならない。

医薬品、医薬部外品又は化粧品の種類	許可の種類
第四十九条第一項に規定する厚生労働大臣の指定する医薬品	第一種医薬品製造販売業許可
前項に該当する医薬品以外の医薬品	第二種医薬品製造販売業許可
医薬部外品	医薬部外品製造販売業許可
化粧品	化粧品製造販売業許可

2 前項の許可は、三年を下らない政令で定める期間ごとにその更新を受けなければ、その期間の経過によつて、その効力を失う。

（許可の基準）

第十二条の二　次の各号のいずれかに該当するときは、前条第一項の許可を与えないことができる。

一 申請に係る医薬品、医薬部外品又は化粧品の品質管理の方法が、厚生労働省令で定める基準に適合しないとき。

二 申請に係る医薬品、医薬部外品又は化粧品の製造販売後安全管理（品質、有効性及び安全性に関する事項その他適正な使用のために必要な情報の収集、検討及びその結果に基づく必要な措置をいう。以下同じ。）の方法が、厚生労働省令で定める基準に適合しないとき。

三 申請者が、第五条第三号イからへまでのいずれかに該当するとき。

（製造業の許可）

第十三条　医薬品、医薬部外品又は化粧品の製造業の許可を受けた者でなければ、それぞれ、業として、医薬品、医薬部外品又は化粧品の製造をしてはならない。

2 前項の許可は、厚生労働省令で定める区分に従い、厚生労働大臣が製造所ごとに与える。

3 第一項の許可は、三年を下らない政令で定める期間ごとにその更新を受けなければ、その期間の経過によつて、その効力を失う。

4 次の各号のいずれかに該当するときは、第一項の許可を与えないことができる。

一 その製造所の構造設備が、厚生労働省令で定める基準に適合しないとき。

二 申請者が、第五条第三号イからへまでのいずれかに該当するとき。

5 厚生労働大臣は、第一項の許可又は第三項の許可の更新の申請を受けたときは、前項第一号の基準に適合するかどうかについての書面による調査又は実地の調査を行うものとする。

6 第一項の許可を受けた者は、当該製造所に係る許可の区分を変更し、又は追加しようとするときは、厚生労働大臣の許可を受けなければならない。

7 前項の許可については、第一項から第五項までの規定を準用する。

第十三条の二～第十三条の三　（略）

（医薬品、医薬部外品及び化粧品の製造販売の承認）

第十四条　医薬品（厚生労働大臣が基準を定めて指定する医薬品を除く。）、医薬部外品（厚生労働大臣が基準を定めて指定する医薬部外品を除く。）又は厚生労働大臣の指定する成分を含有する化粧品の製造販売をしようとする者は、品目ごとにその製造販売についての厚生労働大臣の承認を受けなければならない。

2 次の各号のいずれかに該当するときは、前項の承認は、与えない。

一 申請者が、第十二条第一項の許可（申請をした品目の種類に応じた許可に限る。）を受けていないとき。

二 申請に係る医薬品、医薬部外品又は化粧品を製造する製造所が、第十三条第一項の許可（申請をした品目について製造ができる区分に係るものに限る。）又は前条第一項の認定（申請をした品目について製造ができる区分に係るものに限る。）を受けていないとき。

三 申請に係る医薬品、医薬部外品又は化粧品の名称、成分、分量、用法、用量、効能、効果、副作用その他の品質、有効性及び安全性に関する事項の審査の結果、その物が次のイからハまでのいずれかに該当するとき。

イ 申請に係る医薬品又は医薬部外品が、その申請に係る効能又は効果を有すると認められないとき。

ロ 申請に係る医薬品又は医薬部外品が、その効能又は効果に

比して著しく有害な作用を有することにより、医薬品又は医薬部外品として使用価値がないと認められるとき。

ハ　イ又はロに掲げる場合のほか、医薬品、医薬部外品又は化粧品として不適当なものとして厚生労働省令で定める場合に該当するとき。

四　申請に係る医薬品、医薬部外品又は化粧品が政令で定めるものであるときは、その物の製造所における製造管理又は品質管理の方法が、厚生労働省令で定める基準に適合していると認められないとき。

3　第一項の承認を受けようとする者は、厚生労働省令で定めるところにより、申請書に臨床試験の試験成績に関する資料その他の資料を添付して申請しなければならない。この場合において、当該申請に係る医薬品が厚生労働省令で定める医薬品であるときは、当該資料は、厚生労働省令で定める基準に従つて収集され、かつ、作成されたものでなければならない。

4　第一項の承認の申請に係る医薬品、医薬部外品又は化粧品が、第八十条の六第一項に規定する原薬等登録原簿に収められている原薬等（原薬たる医薬品その他厚生労働省令で定める物をいう。以下同じ。）を原料又は材料として製造されるものであるときは、第一項の承認を受けようとする者は、厚生労働省令で定めるところにより、当該原薬等が同条第一項に規定する原薬等登録原簿に登録されていることを証する書面をもつて前項の規定により添付するものとされた資料の一部に代えることができる。

5　第二項第三号の規定による審査においては、当該品目に係る申請内容及び第三項前段に規定する資料に基づき、当該品目の品質、有効性及び安全性に関する調査（既にこの条又は第十九条の二の承認を与えられている品目との成分、分量、用法、用量、効能、効果等の同一性に関する調査を含む。）を行うものとする。この場合において、当該品目が同項後段に規定する厚生労働省令で定める医薬品であるときは、あらかじめ、当該品目に係る資料が同項後段の規定に適合するかどうかについての書面による調査又は実地の調査を行うものとする。

6　第一項の承認を受けようとする者又は同項の承認を受けた者は、その承認に係る医薬品、医薬部外品又は化粧品が政令で定めるものであるときは、その物の製造所における製造管理又は品質管理の方法が第二項第四号に規定する厚生労働省令で定める基準に適合しているかどうかについて、当該承認を受けようとするとき、及び当該承認の取得後三年を下らない政令で定める期間を経過するごとに、厚生労働大臣の書面による調査又は実地の調査を受けなければならない。

7　厚生労働大臣は、第一項の承認の申請に係る医薬品が、希少疾病用医薬品その他の医療上特にその必要性が高いと認められるものであるときは、当該医薬品についての第二項第三号の規定による審査又は前項の規定による調査を、他の医薬品の審査又は調査に優先して行うことができる。

8　厚生労働大臣は、第一項の承認の申請があつた場合において、申請に係る医薬品、医薬部外品又は化粧品が、既にこの条又は第十九条の二の承認を与えられている医薬品、医薬部外品又は化粧品と有効成分、分量、用法、用量、効能、効果等が明らかに異なるときは、同項の承認について、あらかじめ、薬事・食品衛生審議会の意見を聴かなければならない。

9　第一項の承認を受けた者は、当該品目について承認された事項の一部を変更しようとするとき（当該変更が厚生労働省令で定める軽微な変更であるときを除く。）は、その変更について厚生労働大臣の承認を受けなければならない。この場合においては、第二項から前項までの規定を準用する。

10　第一項の承認を受けた者は、前項の厚生労働省令で定める軽微

な変更について、厚生労働省令で定めるところにより、厚生労働大臣にその旨を届け出なければならない。

11　第一項及び第九項の承認の申請（政令で定めるものを除く。）は、機構を経由して行うものとする。

第十四条の二～第十四条の三　（略）

（新医薬品等の再審査）

第十四条の四　次の各号に掲げる医薬品につき第十四条の承認を受けた者は、当該医薬品について、当該各号に定める期間内に申請して、厚生労働大臣の再審査を受けなければならない。

一　既に第十四条又は第十九条の二の承認を与えられている医薬品と有効成分、分量、用法、用量、効能、効果等が明らかに異なる医薬品として厚生労働大臣がその承認の際指示したもの（以下「新医薬品」という。）　次に掲げる期間（以下この条において「調査期間」という。）を経過した日から起算して三月以内の期間（次号において「申請期間」という。）

イ　希少疾病用医薬品その他厚生労働省令で定める医薬品として厚生労働大臣が薬事・食品衛生審議会の意見を聴いて指定するものについては、その承認のあつた日後六年を超え十年を超えない範囲内において厚生労働大臣の指定する期間

ロ　既に第十四条又は第十九条の二の承認を与えられている医薬品と効能又は効果のみが明らかに異なる医薬品（イに掲げる医薬品を除く。）その他厚生労働省令で定める医薬品として厚生労働大臣が薬事・食品衛生審議会の意見を聴いて指定するものについては、その承認のあつた日後六年に満たない範囲内において厚生労働大臣の指定する期間

ハ　イ又はロに掲げる医薬品以外の医薬品については、その承認のあつた日後六年

二　新医薬品（当該新医薬品につき第十四条又は第十九条の二の承認のあつた日後調査期間（次項の規定による延長が行われたときは、その延長後の期間）を経過しているものを除く。）と有効成分、分量、用法、用量、効能、効果等が同一性を有すると認められる医薬品として厚生労働大臣がその承認の際指示したもの　当該新医薬品に係る申請期間（同項の規定による調査期間の延長が行われたときは、その延長後の期間に基づいて定められる申請期間）に合致するように厚生労働大臣が指示する期間

2～7　（略）

第十四条の五　（略）

（医薬品の再評価）

第十四条の六　第十四条の承認を受けている者は、厚生労働大臣が薬事・食品衛生審議会の意見を聴いて医薬品の範囲を指定して再評価を受けるべき旨を公示したときは、その指定に係る医薬品について、厚生労働大臣の再評価を受けなければならない。

2～6　（略）

第十四条の七～第十四条の十　（略）

第十五条　削除

第十六条　削除

第十七条～第十八条　（略）

129

（休廃止等の届出）
第十九条　医薬品、医薬部外品又は化粧品の製造販売業者は、その事業を廃止し、休止し、若しくは休止した事業を再開したとき、又は医薬品等総括製造販売責任者その他厚生労働省令で定める事項を変更したときは、三十日以内に、厚生労働大臣にその旨を届け出なければならない。

２　医薬品、医薬部外品又は化粧品の製造業者又は医薬品等外国製造業者は、その製造所を廃止し、休止し、若しくは休止した製造所を再開したとき、又は医薬品製造管理者、医薬部外品等責任技術者その他厚生労働省令で定める事項を変更したときは、三十日以内に、厚生労働大臣にその旨を届け出なければならない。

第十九条の二～第二十一条　（略）

第二十二条　削除

第二十三条　（略）

第五章　医療機器及び体外診断用医薬品の製造販売業及び製造業等（抄）

第一節　医療機器及び体外診断用医薬品の製造販売業及び製造業
（製造販売業の許可）
第二十三条の二　次の表の上欄に掲げる医療機器又は体外診断用医薬品の種類に応じ、それぞれ同表の下欄に定める厚生労働大臣の許可を受けた者でなければ、それぞれ、業として、医療機器又は体外診断用医薬品の製造販売をしてはならない。

医療機器又は体外診断用医薬品の種類	許可の種類
高度管理医療機器	第一種医療機器製造販売業許可
管理医療機器	第二種医療機器製造販売業許可
一般医療機器	第三種医療機器製造販売業許可
体外診断用医薬品	体外診断用医薬品製造販売業許可

２　前項の許可は、三年を下らない政令で定める期間ごとにその更新を受けなければ、その期間の経過によつて、その効力を失う。

（許可の基準）
第二十三条の二の二　次の各号のいずれかに該当するときは、前条第一項の許可を与えないことができる。
一　申請に係る医療機器又は体外診断用医薬品の製造管理又は品質管理に係る業務を行う体制が、厚生労働省令で定める基準に適合しないとき。
二　申請に係る医療機器又は体外診断用医薬品の製造販売後安全管理の方法が、厚生労働省令で定める基準に適合しないとき。
三　申請者が、第五条第三号イからへまでのいずれかに該当するとき。

（製造業の登録）
第二十三条の二の三　業として、医療機器又は体外診断用医薬品の製造（設計を含む。以下この章及び第八十条第二項において同じ。）をしようとする者は、製造所（医療機器又は体外診断用医薬品の製造工程のうち設計、組立て、滅菌その他の厚生労働省令で定めるものをするものに限る。以下この章及び同項において同じ。）ごとに、厚生労働省令で定めるところにより、厚生労働大臣の登録を受けなければならない。

２～４　（略）

第二十三条の二の四　（略）

（医療機器及び体外診断用医薬品の製造販売の承認）
第二十三条の二の五　医療機器（一般医療機器並びに第二十三条の二の二十三第一項の規定により指定する高度管理医療機器及び管理医療機器を除く。）又は体外診断用医薬品（厚生労働大臣が基準を定めて指定する体外診断用医薬品及び同項の規定により指定する体外診断用医薬品を除く。）の製造販売をしようとする者は、品目ごとにその製造販売についての厚生労働大臣の承認を受けなければならない。

２～13　（略）

第二十三条の二の六～第二十三条の二の二十二　（略）

第二節　登録認証機関
第二十三条の二の二十三～第二十三条の十九　（略）

第六章　再生医療等製品の製造販売業及び製造業（抄）

（製造販売業の許可）
第二十三条の二十　再生医療等製品は、厚生労働大臣の許可を受けた者でなければ、業として、製造販売をしてはならない。

２　前項の許可は、三年を下らない政令で定める期間ごとにその更新を受けなければ、その期間の経過によつて、その効力を失う。

（許可の基準）
第二十三条の二十一　次の各号のいずれかに該当するときは、前条第一項の許可を与えないことができる。
一　申請に係る再生医療等製品の品質管理の方法が、厚生労働省令で定める基準に適合しないとき。
二　申請に係る再生医療等製品の製造販売後安全管理の方法が、厚生労働省令で定める基準に適合しないとき。
三　申請者が、第五条第三号イからへまでのいずれかに該当するとき。

（製造業の許可）
第二十三条の二十二　再生医療等製品の製造業の許可を受けた者でなければ、業として、再生医療等製品の製造をしてはならない。

２～７　（略）

第二十三条の二十三～第二十三条の二十四　（略）

（再生医療等製品の製造販売の承認）
第二十三条の二十五　再生医療等製品の製造販売をしようとする者は、品目ごとにその製造販売についての厚生労働大臣の承認を受けなければならない。

２～11　（略）

（条件及び期限付承認）
第二十三条の二十六　前条第一項の承認の申請者が製造販売をしようとする物が、次の各号のいずれにも該当する再生医療等製品である場合には、厚生労働大臣は、同条第二項第三号イ及びロの規定にかかわらず、薬事・食品衛生審議会の意見を聴いて、その適正な使用の確保のために必要な条件及び七年を超えない範囲内の期限を付してその品目に係る同条第一項の承認を与えることができる。
一　申請に係る再生医療等製品が均質でないこと。

二　申請に係る効能、効果又は性能を有すると推定されるものであること。

三　申請に係る効能、効果又は性能に比して著しく有害な作用を有することにより再生医療等製品として使用価値がないと推定されるものでないこと。

2〜7　（略）

第二十三条の二十七〜第二十三条の四十二　（略）

第七章　医薬品、医療機器及び再生医療等製品の販売業等（抄）

第一節　医薬品の販売業

（医薬品の販売業の許可）

第二十四条　薬局開設者又は医薬品の販売業の許可を受けた者でなければ、業として、医薬品を販売し、授与し、又は販売若しくは授与の目的で貯蔵し、若しくは陳列（配置することを含む。以下同じ。）してはならない。ただし、医薬品の製造販売業者がその製造等をし、又は輸入した医薬品を薬局開設者又は医薬品の製造販売業者、製造業者若しくは販売業者に、医薬品の製造業者がその製造した医薬品を医薬品の製造販売業者又は製造業者に、それぞれ販売し、授与し、又はその販売若しくは授与の目的で貯蔵し、若しくは陳列するときは、この限りでない。

2　前項の許可は、六年ごとにその更新を受けなければ、その期間の経過によつて、その効力を失う。

（医薬品の販売業の許可の種類）

第二十五条　医薬品の販売業の許可は、次の各号に掲げる区分に応じ、当該各号に定める業務について行う。

一　店舗販売業の許可　要指導医薬品（第四条第五項第三号に規定する要指導医薬品をいう。以下同じ。）又は一般用医薬品を、店舗において販売し、又は授与する業務

二　配置販売業の許可　一般用医薬品を、配置により販売し、又は授与する業務

三　卸売販売業の許可　医薬品を、薬局開設者、医薬品の製造販売業者、製造業者若しくは販売業者又は病院、診療所若しくは飼育動物診療施設の開設者その他厚生労働省令で定める者（第三十四条第三項において「薬局開設者等」という。）に対し、販売し、又は授与する業務

（店舗販売業の許可）

第二十六条　店舗販売業の許可は、店舗ごとに、その店舗の所在地の都道府県知事（その店舗の所在地が保健所を設置する市又は特別区の区域にある場合においては、市長又は区長。次項及び第二十八条第三項において同じ。）が与える。

2〜4　（略）

（店舗販売品目）

第二十七条　店舗販売業者は、薬局医薬品（第四条第五項第二号に規定する薬局医薬品をいう。以下同じ。）を販売し、授与し、又は販売若しくは授与の目的で貯蔵し、若しくは陳列してはならない。

（店舗の管理）

第二十八条　店舗販売業者は、その店舗を、自ら実地に管理し、又はその指定する者に実地に管理させなければならない。

2　前項の規定により店舗を実地に管理する者（以下「店舗管理者」という。）は、厚生労働省令で定めるところにより、薬剤師又は登録販売者でなければならない。

3　店舗管理者は、その店舗以外の場所で業として店舗の管理その他薬事に関する実務に従事する者であつてはならない。ただし、その店舗の所在地の都道府県知事の許可を受けたときは、この限りでない。

第二十九条〜第三十条　（略）

（配置販売品目）

第三十一条　配置販売業の許可を受けた者（以下「配置販売業者」という。）は、一般用医薬品のうち経年変化が起こりにくいことその他の厚生労働大臣の定める基準に適合するもの以外の医薬品を販売し、授与し、又は販売若しくは授与の目的で貯蔵し、若しくは陳列してはならない。

第三十一条の二〜第三十三条　（略）

（卸売販売業の許可）

第三十四条　卸売販売業の許可は、営業所ごとに、その営業所の所在地の都道府県知事が与える。

2　次の各号のいずれかに該当するときは、前項の許可を与えないことができる。

一　その営業所の構造設備が、厚生労働省令で定める基準に適合しないとき。

二　申請者が、第五条第三号イからへまでのいずれかに該当するとき。

3　卸売販売業の許可を受けた者（以下「卸売販売業者」という。）は、当該許可に係る営業所については、業として、医薬品を、薬局開設者等以外の者に対し、販売し、又は授与してはならない。

第三十五条〜第三十六条の三　（略）

（薬局医薬品に関する情報提供及び指導等）

第三十六条の四　薬局開設者は、薬局医薬品の適正な使用のため、薬局医薬品を販売し、又は授与する場合には、厚生労働省令で定めるところにより、その薬局において医薬品の販売又は授与に従事する薬剤師に、対面により、厚生労働省令で定める事項を記載した書面（当該事項が電磁的記録に記録されているときは、当該電磁的記録に記録された事項を厚生労働省令で定める方法により表示したものを含む。）を用いて必要な情報を提供させ、及び必要な薬学的知見に基づく指導を行わせなければならない。ただし、薬剤師等に販売し、又は授与するときは、この限りでない。

2　薬局開設者は、前項の規定による情報の提供及び指導を行わせるに当たつては、当該薬剤師に、あらかじめ、薬局医薬品を使用しようとする者の年齢、他の薬剤又は医薬品の使用の状況その他の厚生労働省令で定める事項を確認させなければならない。

3〜4　（略）

第三十六条の五〜第三十八条　（略）

第二節　医療機器の販売業、貸与業及び修理業
第三十九条〜第四十条の四　（略）

第三節　再生医療等製品の販売業
第四十条の五〜第四十条の七　（略）

第八章　医薬品等の基準及び検定（抄）

（日本薬局方等）

第四十一条　厚生労働大臣は、医薬品の性状及び品質の適正を図るため、薬事・食品衛生審議会の意見を聴いて、日本薬局方を定め、これを公示する。

2　厚生労働大臣は、少なくとも十年ごとに日本薬局方の全面にわたつて薬事・食品衛生審議会の検討が行われるように、その改定について薬事・食品衛生審議会に諮問しなければならない。

3　厚生労働大臣は、医療機器、再生医療等製品又は体外診断用医薬品の性状、品質及び性能の適正を図るため、薬事・食品衛生審議会の意見を聴いて、必要な基準を設けることができる。

（医薬品等の基準）

第四十二条　厚生労働大臣は、保健衛生上特別の注意を要する医薬品又は再生医療等製品につき、薬事・食品衛生審議会の意見を聴いて、その製法、性状、品質、貯法等に関し、必要な基準を設けることができる。

2　厚生労働大臣は、保健衛生上の危害を防止するために必要があるときは、医薬部外品、化粧品又は医療機器について、薬事・食品衛生審議会の意見を聴いて、その性状、品質、性能等に関し、必要な基準を設けることができる。

（検定）

第四十三条　厚生労働大臣の指定する医薬品又は再生医療等製品は、厚生労働大臣の指定する者の検定を受け、かつ、これに合格したものでなければ、販売し、授与し、又は販売若しくは授与の目的で貯蔵し、若しくは陳列してはならない。ただし、厚生労働省令で別段の定めをしたときは、この限りでない。

2　厚生労働大臣の指定する医療機器は、厚生労働大臣の指定する者の検定を受け、かつ、これに合格したものでなければ、販売し、貸与し、授与し、若しくは販売、貸与若しくは授与の目的で貯蔵し、若しくは陳列し、又は医療機器プログラムにあつては、電気通信回線を通じて提供してはならない。ただし、厚生労働省令で別段の定めをしたときは、この限りでない。

3〜4　（略）

第九章　医薬品等の取扱い（抄）

第一節　毒薬及び劇薬の取扱い

（表示）

第四十四条　毒性が強いものとして厚生労働大臣が薬事・食品衛生審議会の意見を聴いて指定する医薬品（以下「毒薬」という。）は、その直接の容器又は直接の被包に、黒地に白枠、白字をもつて、その品名及び「毒」の文字が記載されていなければならない。

2　劇性が強いものとして厚生労働大臣が薬事・食品衛生審議会の意見を聴いて指定する医薬品（以下「劇薬」という。）は、その直接の容器又は直接の被包に、白地に赤枠、赤字をもつて、その品名及び「劇」の文字が記載されていなければならない。

3　前二項の規定に触れる毒薬又は劇薬は、販売し、授与し、又は販売若しくは授与の目的で貯蔵し、若しくは陳列してはならない。

第四十五条　（略）

（譲渡手続）

第四十六条　薬局開設者又は医薬品の製造販売業者、製造業者若しくは販売業者（第三項及び第四項において「薬局開設者等」とい

う。）は、毒薬又は劇薬については、譲受人から、その品名、数量、使用の目的、譲渡の年月日並びに譲受人の氏名、住所及び職業が記載され、厚生労働省令で定めるところにより作成された文書の交付を受けなければ、これを販売し、又は授与してはならない。

2〜4　（略）

（交付の制限）

第四十七条　毒薬又は劇薬は、十四歳未満の者その他安全な取扱いをすることについて不安があると認められる者には、交付してはならない。

（貯蔵及び陳列）

第四十八条　業務上毒薬又は劇薬を取り扱う者は、これを他の物と区別して、貯蔵し、又は陳列しなければならない。

2　前項の場合において、毒薬を貯蔵し、又は陳列する場所には、かぎを施さなければならない。

第二節　医薬品の取扱い

（処方箋医薬品の販売）

第四十九条　薬局開設者又は医薬品の販売業者は、医師、歯科医師又は獣医師から処方箋の交付を受けた者以外の者に対して、正当な理由なく、厚生労働大臣の指定する医薬品を販売し、又は授与してはならない。ただし、薬剤師等に販売し、又は授与するときは、この限りでない。

2　薬局開設者又は医薬品の販売業者は、その薬局又は店舗に帳簿を備え、医師、歯科医師又は獣医師から処方箋の交付を受けた者に対して前項に規定する医薬品を販売し、又は授与したときは、厚生労働省令の定めるところにより、その医薬品の販売又は授与に関する事項を記載しなければならない。

3　薬局開設者又は医薬品の販売業者は、前項の帳簿を、最終の記載の日から二年間、保存しなければならない。

（直接の容器等の記載事項）

第五十条　医薬品は、その直接の容器又は直接の被包に、次に掲げる事項が記載されていなければならない。ただし、厚生労働省令で別段の定めをしたときは、この限りでない。

一　製造販売業者の氏名又は名称及び住所

二　名称（日本薬局方に収められている医薬品にあつては日本薬局方において定められた名称、その他の医薬品で一般的名称があるものにあつてはその一般的名称）

三　製造番号又は製造記号

四　重量、容量又は個数等の内容量

五　日本薬局方に収められている医薬品にあつては、「日本薬局方」の文字及び日本薬局方において直接の容器又は直接の被包に記載するように定められた事項

六　要指導医薬品にあつては、厚生労働省令で定める事項

七　一般用医薬品にあつては、第三十六条の七第一項に規定する区分ごとに、厚生労働省令で定める事項

八　第四十一条第三項の規定によりその基準が定められた体外診断用医薬品にあつては、その基準において直接の容器又は直接の被包に記載するように定められた事項

九　第四十二条第一項の規定によりその基準が定められた医薬品にあつては、貯法、有効期間その他その基準において直接の容器又は直接の被包に記載するように定められた事項

十　日本薬局方に収められていない医薬品にあつては、その有効成分の名称（一般的名称があるものにあつては、その一般的名

称）及びその分量（有効成分が不明のものにあつては、その本
質及び製造方法の要旨）

十一　習慣性があるものとして厚生労働大臣の指定する医薬品に
あつては、「注意―習慣性あり」の文字

十二　前条第一項の規定により厚生労働大臣の指定する医薬品に
あつては、「注意―医師等の処方箋により使用すること」の文字

十三　厚生労働大臣が指定する医薬品にあつては、「注意―人体に
使用しないこと」の文字

十四　厚生労働大臣の指定する医薬品にあつては、その使用の期
限

十五　前各号に掲げるもののほか、厚生労働省令で定める事項

第五十一条～第五十八条　（略）

第三節　医薬部外品の取扱い
（直接の容器等の記載事項）

第五十九条　医薬部外品は、その直接の容器又は直接の被包に、次に
掲げる事項が記載されていなければならない。ただし、厚生労働
省令で別段の定めをしたときは、この限りでない。

一　製造販売業者の氏名又は名称及び住所

二　「医薬部外品」の文字

三　第二条第二項第二号又は第三号に規定する医薬部外品にあつ
ては、それぞれ厚生労働省令で定める文字

四　名称（一般的名称があるものにあつては、その一般的名称）

五　製造番号又は製造記号

六　重量、容量又は個数等の内容量

七　厚生労働大臣の指定する医薬部外品にあつては、有効成分の
名称（一般的名称があるものにあつては、その一般的名称）及
びその分量

八　厚生労働大臣の指定する成分を含有する医薬部外品にあつて
は、その成分の名称

九　第二条第二項第二号に規定する医薬部外品のうち厚生労働大
臣が指定するものにあつては、「注意―人体に使用しないこと」
の文字

十　厚生労働大臣の指定する医薬部外品にあつては、その使用の
期限

十一　第四十二条第二項の規定によりその基準が定められた医薬
部外品にあつては、その基準において直接の容器又は直接の被
包に記載するように定められた事項

十二　前各号に掲げるもののほか、厚生労働省令で定める事項

第六十条　（略）

第四節　化粧品の取扱い
第六十一条～第六十二条　（略）

第五節　医療機器の取扱い
（直接の容器等の記載事項）

第六十三条　医療機器は、その医療機器又はその直接の容器若しくは
直接の被包に、次に掲げる事項が記載されていなければならない。
ただし、厚生労働省令で別段の定めをしたときは、この限りでな
い。

一　製造販売業者の氏名又は名称及び住所

二　名称

三　製造番号又は製造記号

四　厚生労働大臣の指定する医療機器にあつては、重量、容量又
は個数等の内容量

五　第四十一条第三項の規定によりその基準が定められた医療機
器にあつては、その基準においてその医療機器又はその直接の
容器若しくは直接の被包に記載するように定められた事項

六　第四十二条第二項の規定によりその基準が定められた医療機
器にあつては、その基準においてその医療機器又はその直接の
容器若しくは直接の被包に記載するように定められた事項

七　厚生労働大臣の指定する医療機器にあつては、その使用の期
限

八　前各号に掲げるもののほか、厚生労働省令で定める事項

2　前項の医療機器が特定保守管理医療機器である場合においては、
その医療機器に、同項第一号から第三号まで及び第八号に掲げる
事項が記載されていなければならない。ただし、厚生労働省令で
別段の定めをしたときは、この限りでない。

第六十三条の二～第六十五条　（略）

第六節　再生医療等製品の取扱い
第六十五条の二～第六十五条の六　（略）

第十章　医薬品等の広告（抄）

（誇大広告等）

第六十六条　何人も、医薬品、医薬部外品、化粧品、医療機器又は再
生医療等製品の名称、製造方法、効能、効果又は性能に関して、
明示的であると暗示的であるとを問わず、虚偽又は誇大な記事を
広告し、記述し、又は流布してはならない。

2～3　（略）

第六十七条～第六十八条　（略）

第十一章　医薬品等の安全対策（抄）

第六十八条の二～第六十八条の九　（略）

（副作用等の報告）

第六十八条の十　医薬品、医薬部外品、化粧品、医療機器若しくは再
生医療等製品の製造販売業者又は外国特例承認取得者は、その製
造販売をし、又は第十九条の二、第二十三条の二の十七若しくは
第二十三条の三十七の承認を受けた医薬品、医薬部外品、化粧品、
医療機器又は再生医療等製品について、当該品目の副作用その他
の事由によるものと疑われる疾病、障害又は死亡の発生、当該品
目の使用によるものと疑われる感染症の発生その他の医薬品、医
薬部外品、化粧品、医療機器又は再生医療等製品の有効性及び安
全性に関する事項で厚生労働省令で定めるものを知つたときは、
その旨を厚生労働省令で定めるところにより厚生労働大臣に報告
しなければならない。

2　薬局開設者、病院、診療所若しくは飼育動物診療施設の開設者又
は医師、歯科医師、薬剤師、登録販売者、獣医師その他の医薬関
係者は、医薬品、医療機器又は再生医療等製品について、当該品
目の副作用その他の事由によるものと疑われる疾病、障害若しく
は死亡の発生又は当該品目の使用によるものと疑われる感染症の
発生に関する事項を知つた場合において、保健衛生上の危害の発
生又は拡大を防止するため必要があると認めるときは、その旨を
厚生労働大臣に報告しなければならない。

3　（略）

第六十八条の十一～第六十八条の十五　（略）

第十二章　生物由来製品の特例

（生物由来製品の製造管理者）
第六十八条の十六～第六十八条の二十五　（略）

第十三章　監督

第六十九条～第七十六条の三　（略）

第十四章　指定薬物の取扱い（抄）

（製造等の禁止）
第七十六条の四　指定薬物は、疾病の診断、治療又は予防の用途及び人の身体に対する危害の発生を伴うおそれがない用途として厚生労働省令で定めるもの（以下この条及び次条において「医療等の用途」という。）以外の用途に供するために製造し、輸入し、販売し、授与し、所持し、購入し、若しくは譲り受け、又は医療等の用途以外の用途に使用してはならない。

第七十六条の五～第七十七条　（略）

第十五章　希少疾病用医薬品、希少疾病用医療機器及び希少疾病用再生医療等製品の指定等

第七十七条の二～第七十七条の七　（略）

第十六章　雑則（抄）

第七十八条～第八十二条　（略）

（動物用医薬品等）
第八十三条　医薬品、医薬部外品、医療機器又は再生医療等製品（治験の対象とされる薬物等を含む。）であつて、専ら動物のために使用されることが目的とされているものに関しては、この法律（第二条第十五項、第九条の二、第九条の三第一項、第二項及び第四項、第三十六条の十第一項及び第二項（同条第七項においてこれらの規定を準用する場合を含む。）、第七十六条の四、第七十六条の六、第七十六条の六の二、第七十六条の七第一項及び第二項、第七十六条の七の二、第七十六条の八第一項、第七十六条の九、第七十六条の十、第七十七条、第八十一条の四、次項及び第三項並びに第八十三条の四第三項（第八十三条の五第二項において準用する場合を含む。）を除く。）中「厚生労働大臣」とあるのは「農林水産大臣」と、「厚生労働省令」とあるのは「農林水産省令」と、第二条第五項から第七項までの規定中「人」とあるのは「動物」と、第四条第一項中「都道府県知事（その所在地が保健所を設置する市又は特別区の区域にある場合においては、市長又は区長。次項、第七条第三項及び第十条（第三十八条第一項において準用する場合を含む。）において同じ。）」とあるのは「都道府県知事」と、同条第三項第四号イ中「医薬品の薬局医薬品、要指導医薬品及び一般用医薬品」とあり、並びに同号ロ、第二十五条第二号、第二十六条第三項第五号、第二十九条の二第一項第二号、第三十一条、第三十六条の九（見出しを含む。）、第三十六条の十の見出し、同条第五項及び第七項並びに第五十七条の二第三項中「一般用医薬品」とあるのは「医薬品」と、第八条の二第一項中「医療を受ける者」とあるのは「獣医療を受ける動物の飼育者」と、第九条第一項第二号中「一般用医薬品（第四条第五項第四号に規定する一般用医薬品をいう。以下同じ。）」とあるのは「医薬品」と、第十四条第二項第三号ロ中「又は」とあるのは「若しく

は」と、「認められるとき」とあるのは「認められるとき、又は申請に係る医薬品が、その申請に係る使用方法に従い使用される場合に、当該医薬品が有する対象動物（牛、豚その他の食用に供される動物として農林水産省令で定めるものをいう。以下同じ。）についての残留性（医薬品の使用に伴いその医薬品の成分である物質（その物質が化学的に変化して生成した物質を含む。）が動物に残留する性質をいう。以下同じ。）の程度からみて、その使用に係る対象動物の肉、乳その他の食用に供される生産物で人の健康を損なうものが生産されるおそれがあることにより、医薬品として使用価値がないと認められるとき」と、同条第七項、第二十三条の二の五第九項及び第二十三条の二十五第七項中「医療上」とあるのは「獣医療上」と、第十四条の三第一項第一号、第二十三条の二の八第一項第一号及び第二十三条の二十八第一項第一号中「国民の生命及び健康」とあるのは「動物の生産又は健康の維持」と、第二十一条第一項中「都道府県知事（薬局開設者が当該薬局における設備及び器具をもつて医薬品を製造し、その医薬品を当該薬局において販売し、又は授与する場合であつて、当該薬局の所在地が保健所を設置する市又は特別区の区域にある場合においては、市長又は区長。次項、第六十九条第一項、第七十一条、第七十二条第三項及び第七十五条第二項において同じ。）」とあるのは「都道府県知事」と、第二十三条の二十五第二項第三号ロ及び第二十三条の二十六第一項第三号中「又は」とあるのは「若しくは」と、「有すること」とあるのは「有すること又は申請に係る使用方法に従い使用される場合にその使用に係る対象動物の肉、乳その他の食用に供される生産物で人の健康を損なうものが生産されるおそれがあること」と、第二十五条第一号中「要指導医薬品（第四条第五項第三号に規定する要指導医薬品をいう。以下同じ。）又は一般用医薬品」とあるのは「医薬品」と、第二十六条第一項中「都道府県知事（その店舗の所在地が保健所を設置する市又は特別区の区域にある場合においては、市長又は区長。次項及び第二十八条第三項において同じ。）」とあるのは「都道府県知事」と、同条第三項第四号中「医薬品の要指導医薬品及び一般用医薬品」とあるのは「医薬品」と、第三十六条の八第一項中「一般用医薬品」とあるのは「農林水産大臣が指定する医薬品（以下「指定医薬品」という。）以外の医薬品」と、同条第二項及び第三十六条の九第二号中「第二類医薬品及び第三類医薬品」とあるのは「指定医薬品以外の医薬品」と、同条第一号中「第一類医薬品」とあるのは「指定医薬品」と、第三十六条の十第三項及び第四項中「第二類医薬品」とあるのは「医薬品」と、第四十九条の見出し中「処方箋医薬品」とあるのは「要指示医薬品」と、同条第一項及び第二項中「処方箋の交付」とあるのは「処方箋の交付又は指示」と、第五十条第七号中「一般用医薬品にあつては、第三十六条の七第一項に規定する区分ごとに」とあるのは「指定医薬品にあつては」と、同条第十二号中「医師等の処方箋」とあるのは「獣医師等の処方箋・指示」と、同条第十三号及び第五十九条第九号中「人体」とあるのは「動物の身体」と、第五十七条の二第三項中「第一類医薬品、第二類医薬品又は第三類医薬品」とあるのは「指定医薬品又はそれ以外の医薬品」と、第六十九条第二項中「都道府県知事（薬局又は店舗販売業にあつては、その薬局又は店舗の所在地が保健所を設置する市又は特別区の区域にある場合においては、市長又は区長。第七十条第一項、第七十二条第四項、第七十二条の二第一項、第七十二条の四、第七十二条の五、第七十三条、第七十五条第一項、第七十六条及び第八十一条の二において同じ。）」とあるのは「都道府県知事」と、同条第四項及び第七十条第二項中「、都道府県知事、保健所を設置する市の市長又は特別区の区長」とあるのは「又は都道府県知事」と、第七十六条の三第一項中「、都道府県知事、保健所を設置する市の市長又は特

別区の区長」とあるのは「又は都道府県知事」と、「、都道府県、保健所を設置する市又は特別区」とあるのは「又は都道府県」とする。

2　農林水産大臣は、前項の規定により読み替えて適用される第十四条第一項若しくは第九項（第十九条の二第五項において準用する場合を含む。以下この項において同じ。）又は第十九条の二第一項の承認の申請があつたときは、当該申請に係る医薬品につき前項の規定により読み替えて適用される第十四条第二項第三号ロ（残留性の程度に係る部分に限り、同条第九項及び第十九条の二第五項において準用する場合を含む。）に該当するかどうかについて、厚生労働大臣の意見を聴かなければならない。

3　農林水産大臣は、第一項の規定により読み替えて適用される第二十三条の二十五第一項若しくは第九項（第二十三条の三十七第五項において準用する場合を含む。以下この項において同じ。）又は第二十三条の三十七第一項の承認の申請があつたときは、当該申請に係る再生医療等製品につき第一項の規定により読み替えて適用される第二十三条の二十五第二項第三号ロ（当該再生医療等製品の使用に係る対象動物の肉、乳その他の食用に供される生産物で人の健康を損なうものが生産されるおそれに係る部分に限り、同条第九項において準用する場合（第二十三条の二十六第四項の規定により読み替えて適用される場合を含む。）及び第二十三条の三十七第五項において準用する場合を含む。）又は第二十三条の二十六第一項第三号（当該再生医療等製品の使用に係る対象動物の肉、乳その他の食用に供される生産物で人の健康を損なうものが生産されるおそれに係る部分に限り、第二十三条の三十七第五項において準用する場合を含む。）に該当するかどうかについて、厚生労働大臣の意見を聴かなければならない。

（動物用医薬品の製造及び輸入の禁止）

第八十三条の二　前条第一項の規定により読み替えて適用される第十三条第一項の許可（医薬品の製造業に係るものに限る。）を受けた者でなければ、動物用医薬品（専ら動物のために使用されることが目的とされている医薬品をいう。以下同じ。）の製造をしてはならない。

2　前条第一項の規定により読み替えて適用される第十二条第一項の許可（第一種医薬品製造販売業許可又は第二種医薬品製造販売業許可に限る。）を受けた者でなければ、動物用医薬品の輸入をしてはならない。

3　前二項の規定は、試験研究の目的で使用するために製造又は輸入をする場合その他の農林水産省令で定める場合には、適用しない。

（動物用再生医療等製品の製造及び輸入の禁止）

第八十三条の二の二　第八十三条第一項の規定により読み替えて適用される第二十三条の二十二第一項の許可を受けた者でなければ、動物用再生医療等製品（専ら動物のために使用されることが目的とされている再生医療等製品をいう。以下同じ。）の製造をしてはならない。

2　第八十三条第一項の規定により読み替えて適用される第二十三条の二十第一項の許可を受けた者でなければ、動物用再生医療等製品の輸入をしてはならない。

3　前二項の規定は、試験研究の目的で使用するために製造又は輸入をする場合その他の農林水産省令で定める場合には、適用しない。

（動物用医薬品の店舗販売業の許可の特例）

第八十三条の二の三　都道府県知事は、当該地域における薬局及び医薬品販売業の普及の状況その他の事情を勘案して特に必要があると認めるときは、第二十六条第四項の規定にかかわらず、店舗ご

とに、第八十三条第一項の規定により読み替えて適用される第三十六条の八第一項の規定により農林水産大臣が指定する医薬品以外の動物用医薬品の品目を指定して店舗販売業の許可を与えることができる。

2　前項の規定により店舗販売業の許可を受けた者（次項において「動物用医薬品特例店舗販売業者」という。）に対する第二十七条並びに第三十六条の十第三項及び第四項の規定の適用については、第二十七条中「薬局医薬品（第四条第五項第二号に規定する薬局医薬品をいう。以下同じ。）」とあるのは「第八十三条の二の三第一項の規定により都道府県知事が指定した品目以外の医薬品」と、第三十六条の十第三項中「販売又は授与に従事する薬剤師又は登録販売者」とあるのは「販売又は授与に従事する者」と、同条第四項中「当該薬剤師又は登録販売者」とあるのは「当該販売又は授与に従事する者」とし、第二十八条から第二十九条の二まで、第三十六条の九、第三十六条の十第五項、第七十二条の二第一項及び第七十三条の規定は、適用しない。

3　動物用医薬品特例店舗販売業者については、第三十七条第二項の規定を準用する。

（使用の禁止）

第八十三条の三　何人も、直接の容器若しくは直接の被包に第五十条（第八十三条第一項の規定により読み替えて適用される場合を含む。）に規定する事項が記載されている医薬品以外の医薬品又は直接の容器若しくは直接の被包に第六十五条の二（第八十三条第一項の規定により読み替えて適用される場合を含む。）に規定する事項が記載されている再生医療等製品以外の再生医療等製品を対象動物に使用してはならない。ただし、試験研究の目的で使用する場合その他の農林水産省令で定める場合は、この限りでない。

（動物用医薬品及び動物用再生医療等製品の使用の規制）

第八十三条の四　農林水産大臣は、動物用医薬品又は動物用再生医療等製品であつて、適正に使用されるのでなければ対象動物の肉、乳その他の食用に供される生産物で人の健康を損なうおそれのあるものが生産されるおそれのあるものについて、薬事・食品衛生審議会の意見を聴いて、農林水産省令で、その動物用医薬品又は動物用再生医療等製品を使用することができる対象動物、対象動物に使用する場合における使用の時期その他の事項に関し使用者が遵守すべき基準を定めることができる。

2　前項の規定により遵守すべき基準が定められた動物用医薬品又は動物用再生医療等製品の使用者は、当該基準に定めるところにより、当該動物用医薬品又は動物用再生医療等製品を使用しなければならない。ただし、獣医師がその診療に係る対象動物の疾病の治療又は予防のためやむを得ないと判断した場合において、農林水産省令で定めるところにより使用するときは、この限りでない。

3　農林水産大臣は、前二項の規定による農林水産省令を制定し、又は改廃しようとするときは、厚生労働大臣の意見を聴かなければならない。

（その他の医薬品及び再生医療等製品の使用の規制）

第八十三条の五　農林水産大臣は、対象動物に使用される蓋然性が高いと認められる医薬品（動物用医薬品を除く。）又は再生医療等製品（動物用再生医療等製品を除く。）であつて、適正に使用されるのでなければ対象動物の肉、乳その他の食用に供される生産物で人の健康を損なうおそれのあるものが生産されるおそれのあるものについて、薬事・食品衛生審議会の意見を聴いて、農林水産省令で、その医薬品又は再生医療等製品を使用することができる対象動物、対象動物に使用する場合における使用の時期その他の事

項に関し使用者が遵守すべき基準を定めることができる。

2　前項の基準については、前条第二項及び第三項の規定を準用する。この場合において、同条第二項中「動物用医薬品又は動物用再生医療等製品」とあるのは「医薬品又は再生医療等製品」と、同条第三項中「前二項」とあるのは「第八十三条の五第一項及び同条第二項において準用する第八十三条の四第二項」と読み替えるものとする。

第十七章　罰則

第八十三条の六〜第九十一条　（略）

動物の愛護及び管理に関する法律（抄）
（昭和四十八年十月一日法律第百五号）

最終改正：平成二六年五月三〇日法律第四六号
（最終改正までの未施行法令）
平成二十六年五月三十日法律第四十六号（未施行）

第一章　総則（抄）

（目的）
第一条　この法律は、動物の虐待及び遺棄の防止、動物の適正な取扱いその他動物の健康及び安全の保持等の動物の愛護に関する事項を定めて国民の間に動物を愛護する気風を招来し、生命尊重、友愛及び平和の情操の涵養に資するとともに、動物の管理に関する事項を定めて動物による人の生命、身体及び財産に対する侵害並びに生活環境の保全上の支障を防止し、もつて人と動物の共生する社会の実現を図ることを目的とする。

（基本原則）
第二条　動物が命あるものであることにかんがみ、何人も、動物をみだりに殺し、傷つけ、又は苦しめることのないようにするのみでなく、人と動物の共生に配慮しつつ、その習性を考慮して適正に取り扱うようにしなければならない。

2　何人も、動物を取り扱う場合には、その飼養又は保管の目的の達成に支障を及ぼさない範囲で、適切な給餌及び給水、必要な健康の管理並びにその動物の種類、習性等を考慮した飼養又は保管を行うための環境の確保を行わなければならない。

第三条　（略）

（動物愛護週間）
第四条　ひろく国民の間に命あるものである動物の愛護と適正な飼養についての関心と理解を深めるようにするため、動物愛護週間を設ける。

2　動物愛護週間は、九月二十日から同月二十六日までとする。

3　国及び地方公共団体は、動物愛護週間には、その趣旨にふさわしい行事が実施されるように努めなければならない。

第二章　基本指針等（抄）

（基本指針）
第五条　環境大臣は、動物の愛護及び管理に関する施策を総合的に推進するための基本的な指針（以下「基本指針」という。）を定めなければならない。

2～4　（略）

（動物愛護管理推進計画）
第六条　都道府県は、基本指針に即して、当該都道府県の区域における動物の愛護及び管理に関する施策を推進するための計画（以下「動物愛護管理推進計画」という。）を定めなければならない。

2～5　（略）

第三章　動物の適正な取扱い（抄）

第一節　総則
（動物の所有者又は占有者の責務等）
第七条　動物の所有者又は占有者は、命あるものである動物の所有者又は占有者として動物の愛護及び管理に関する責任を十分に自覚して、その動物をその種類、習性等に応じて適正に飼養し、又は保管することにより、動物の健康及び安全を保持するように努めるとともに、動物が人の生命、身体若しくは財産に害を加え、生活環境の保全上の支障を生じさせ、又は人に迷惑を及ぼすことのないように努めなければならない。

2　動物の所有者又は占有者は、その所有し、又は占有する動物に起因する感染性の疾病について正しい知識を持ち、その予防のために必要な注意を払うように努めなければならない。

3　動物の所有者又は占有者は、その所有し、又は占有する動物の逸走を防止するために必要な措置を講ずるよう努めなければならない。

4　動物の所有者は、その所有する動物の飼養又は保管の目的等を達する上で支障を及ぼさない範囲で、できる限り、当該動物がその命を終えるまで適切に飼養すること（以下「終生飼養」という。）に努めなければならない。

5　動物の所有者は、その所有する動物がみだりに繁殖して適正に飼養することが困難とならないよう、繁殖に関する適切な措置を講ずるよう努めなければならない。

6　動物の所有者は、その所有する動物が自己の所有に係るものであることを明らかにするための措置として環境大臣が定めるものを講ずるように努めなければならない。

7　環境大臣は、関係行政機関の長と協議して、動物の飼養及び保管に関しよるべき基準を定めることができる。

（動物販売業者の責務）
第八条　動物の販売を業として行う者は、当該販売に係る動物の購入者に対し、当該動物の種類、習性、供用の目的等に応じて、その適正な飼養又は保管の方法について、必要な説明をしなければならない。

2　動物の販売を業として行う者は、購入者の購入しようとする動物の飼養及び保管に係る知識及び経験に照らして、当該購入者に理解されるために必要な方法及び程度により、前項の説明を行うよう努めなければならない。

（地方公共団体の措置）
第九条　地方公共団体は、動物の健康及び安全を保持するとともに、動物が人に迷惑を及ぼすことのないようにするため、条例で定めるところにより、動物の飼養及び保管について動物の所有者又は占有者に対する指導をすること、多数の動物の飼養及び保管に係る届出をさせることその他の必要な措置を講ずることができる。

第二節 第一種動物取扱業者

（第一種動物取扱業の登録）

第十条 動物（哺乳類、鳥類又は爬虫類に属するものに限り、畜産農業に係るもの及び試験研究用又は生物学的製剤の製造の用その他政令で定める用途に供するために飼養し、又は保管しているものを除く。以下この節から第四節までにおいて同じ。）の取扱業（動物の販売（その取次ぎ又は代理を含む。次項、第十二条第一項第六号及び第二十一条の四において同じ。）、保管、貸出し、訓練、展示（動物との触れ合いの機会の提供を含む。次項及び第二十四条の二において同じ。）その他政令で定める取扱いを業として行うことをいう。以下この節及び第四十六条第一号において「第一種動物取扱業」という。）を営もうとする者は、当該業を営もうとする事業所の所在地を管轄する都道府県知事（地方自治法（昭和二十二年法律第六十七号）第二百五十二条の十九第一項の指定都市（以下「指定都市」という。）にあつては、その長とする。以下この節から第五節まで（第二十五条第四項を除く。）において同じ。）の登録を受けなければならない。

2 前項の登録を受けようとする者は、次に掲げる事項を記載した申請書に環境省令で定める書類を添えて、これを都道府県知事に提出しなければならない。

一 氏名又は名称及び住所並びに法人にあつては代表者の氏名

二 事業所の名称及び所在地

三 事業所ごとに置かれる動物取扱責任者（第二十二条第一項に規定する者をいう。）の氏名

四 その営もうとする第一種動物取扱業の種別（販売、保管、貸出し、訓練、展示又は前項の政令で定める取扱いの別をいう。以下この号において同じ。）並びにその種別に応じた業務の内容及び実施の方法

五 主として取り扱う動物の種類及び数

六 動物の飼養又は保管のための施設（以下この節及び次節において「飼養施設」という。）を設置しているときは、次に掲げる事項

イ 飼養施設の所在地

ロ 飼養施設の構造及び規模

ハ 飼養施設の管理の方法

七 その他環境省令で定める事項

3 第一項の登録の申請をする者は、犬猫等販売業（犬猫等（犬又は猫その他環境省令で定める動物をいう。以下同じ。）の販売を業として行うことをいう。以下同じ。）を営もうとする場合には、前項各号に掲げる事項のほか、同項の申請書に次に掲げる事項を併せて記載しなければならない。

一 販売の用に供する犬猫等の繁殖を行うかどうかの別

二 販売の用に供する幼齢の犬猫等（繁殖を併せて行う場合にあつては、幼齢の犬猫等及び繁殖の用に供し、又は供する目的で飼養する犬猫等。第十二条第一項において同じ。）の健康及び安全を保持するための体制の整備、販売の用に供することが困難となつた犬猫等の取扱いその他環境省令で定める事項に関する計画（以下「犬猫等健康安全計画」という。）

（登録の実施）

第十一条 都道府県知事は、前条第二項の規定による登録の申請があつたときは、次条第一項の規定により登録を拒否する場合を除くほか、前条第二項第一号から第三号まで及び第五号に掲げる事項並びに登録年月日及び登録番号を第一種動物取扱業者登録簿に登録しなければならない。

2 都道府県知事は、前項の規定による登録をしたときは、遅滞なく、その旨を申請者に通知しなければならない。

（登録の拒否）

第十二条 都道府県知事は、第十条第一項の登録を受けようとする者が次の各号のいずれかに該当するとき、同条第二項の規定による登録の申請に係る同項第四号に掲げる事項が動物の健康及び安全の保持その他動物の適正な取扱いを確保するため必要なものとして環境省令で定める基準に適合していないと認めるとき、同項の規定による登録の申請に係る同項第六号ロ及びハに掲げる事項が環境省令で定める飼養施設の構造、規模及び管理に関する基準に適合していないと認めるとき、若しくは犬猫等販売業を営もうとする場合にあつては、犬猫等健康安全計画が幼齢の犬猫等の健康及び安全の確保並びに犬猫等の終生飼養の確保を図るため適切なものとして環境省令で定める基準に適合していないと認めるとき、又は申請書若しくは添付書類のうちに重要な事項について虚偽の記載があり、若しくは重要な事実の記載が欠けているときは、その登録を拒否しなければならない。

一 成年被後見人若しくは被保佐人又は破産者で復権を得ないもの

二 第十九条第一項の規定により登録を取り消され、その処分のあつた日から二年を経過しない者

三 第十条第一項の登録を受けた者（以下「第一種動物取扱業者」という。）で法人であるものが第十九条第一項の規定により登録を取り消された場合において、その処分のあつた日前三十日以内にその第一種動物取扱業者の役員であつた者でその処分のあつた日から二年を経過しないもの

四 第十九条第一項の規定により業務の停止を命ぜられ、その停止の期間が経過しない者

五 この法律の規定、化製場等に関する法律（昭和二十三年法律第百四十号）第十条第二号（同法第九条第五項において準用する同法第七条に係る部分に限る。）若しくは第三号の規定又は狂犬病予防法（昭和二十五年法律第二百四十七号）第二十七条第一号若しくは第二号の規定により罰金以上の刑に処せられ、その執行を終わり、又は執行を受けることがなくなつた日から二年を経過しない者

六 動物の販売を業として営もうとする場合にあつては、絶滅のおそれのある野生動植物の種の保存に関する法律（平成四年法律第七十五号）第五十七条の二（同法第十二条第一項（希少野生動植物種の個体等である動物の個体の譲渡し又は引渡しに係る部分に限る。）に係る部分に限る。以下同じ。）、第五十八条第一号（同法第十八条（希少野生動植物種の個体等である動物の個体に係る部分に限る。）に係る部分に限る。以下同じ。）若しくは第二号（同法第十七条（希少野生動植物種の個体等である動物の個体に係る部分に限る。）に係る部分に限る。以下同じ。）、第六十三条第六号（同法第二十一条第一項（国際希少野生動植物種の個体等である動物の個体に係る部分に限る。）、第二項（国際希少野生動植物種の個体等である動物の個体に係る部分に限る。）又は第三項（国際希少野生動植物種の個体等である動物の個体の譲渡し又は引渡しに係る部分に限る。）に係る部分に限る。以下同じ。）若しくは第六十五条第一項（同法第五十七条の二、第五十八条第一号若しくは第二号又は第六十三条第六号に係る部分に限る。）の規定、鳥獣の保護及び狩猟の適正化に関する法律（平成十四年法律第八十八号）第八十四条第一項第五号（同法第二十条第一項（譲渡し又は引渡しに係る部分に限る。）、第二十三条（加工品又は卵に係る部分を除く。）、第二十六条第六項（譲渡し等のうち譲渡し又は引渡しに係る部分に限る。）又は第二十七条（譲渡し又は引渡しに係る部分に限る。）に係る部分に限る。以下同じ。）、第八十六条第一号（同法第二十四条第七項に係る部分に限る。以下同じ。）若しくは第八十八

条（同法第八十四条第一項第五号又は第八十六条第一号に係る部分に限る。）の規定又は特定外来生物による生態系等に係る被害の防止に関する法律（平成十六年法律第七十八号）第三十二条第一号（特定外来生物である動物に係る部分に限る。以下同じ。）若しくは第四号（特定外来生物である動物に係る部分に限る。以下同じ。）、第三十三条第一号（同法第八条（特定外来生物である動物の譲渡し又は引渡しに係る部分に限る。）に係る部分に限る。以下同じ。）若しくは第三十六条（同法第三十二条第一号若しくは第四号又は第三十三条第一号に係る部分に限る。）の規定により罰金以上の刑に処せられ、その執行を終わり、又は執行を受けることがなくなつた日から二年を経過しない者

七　法人であつて、その役員のうちに前各号のいずれかに該当する者があるもの

2　（略）

（登録の更新）

第十三条　第十条第一項の登録は、五年ごとにその更新を受けなければ、その期間の経過によつて、その効力を失う。

2～4　（略）。

（変更の届出）

第十四条　第一種動物取扱業者は、第十条第二項第四号若しくは第三項第一号に掲げる事項の変更（環境省令で定める軽微なものを除く。）をし、飼養施設を設置しようとし、又は犬猫等販売業を営もうとする場合には、あらかじめ、環境省令で定めるところにより、都道府県知事に届け出なければならない。

2　第一種動物取扱業者は、前項の環境省令で定める軽微な変更があつた場合又は第十条第二項各号（第四号を除く。）若しくは第三項第二号に掲げる事項に変更（環境省令で定める軽微なものを除く。）があつた場合には、前項の場合を除き、その日から三十日以内に、環境省令で定める書類を添えて、その旨を都道府県知事に届け出なければならない。

3　第十条第一項の登録を受けて犬猫等販売業を営む者（以下「犬猫等販売業者」という。）は、犬猫等販売業を営むことをやめた場合には、第十六条第一項に規定する場合を除き、その日から三十日以内に、環境省令で定める書類を添えて、その旨を都道府県知事に届け出なければならない。

4　第十一条及び第十二条の規定は、前三項の規定による届出があつた場合に準用する。

第十五条～第十七条　（略）

（標識の掲示）

第十八条　第一種動物取扱業者は、環境省令で定めるところにより、その事業所ごとに、公衆の見やすい場所に、氏名又は名称、登録番号その他の環境省令で定める事項を記載した標識を掲げなければならない。

（登録の取消し等）

第十九条　都道府県知事は、第一種動物取扱業者が次の各号のいずれかに該当するときは、その登録を取り消し、又は六月以内の期間を定めてその業務の全部若しくは一部の停止を命ずることができる。

一　不正の手段により第一種動物取扱業者の登録を受けたとき。

二　その者が行う業務の内容及び実施の方法が第十二条第一項に規定する動物の健康及び安全の保持その他動物の適正な取扱いを確保するため必要なものとして環境省令で定める基準に適合

しなくなつたとき。

三　飼養施設を設置している場合において、その者の飼養施設の構造、規模及び管理の方法が第十二条第一項に規定する飼養施設の構造、規模及び管理に関する基準に適合しなくなつたとき。

四　犬猫等販売業を営んでいる場合において、犬猫等健康安全計画が第十二条第一項に規定する幼齢の犬猫等の健康及び安全の確保並びに犬猫等の終生飼養の確保を図るため適切なものとして環境省令で定める基準に適合しなくなつたとき。

五　第十二条第一項第一号、第三号又は第五号から第七号までのいずれかに該当することとなつたとき。

六　この法律若しくはこの法律に基づく命令又はこの法律に基づく処分に違反したとき。

2　（略）

（環境省令への委任）

第二十条　第十条から前条までに定めるもののほか、第一種動物取扱業者の登録に関し必要な事項については、環境省令で定める。

（基準遵守義務）

第二十一条　第一種動物取扱業者は、動物の健康及び安全を保持するとともに、生活環境の保全上の支障が生ずることを防止するため、その取り扱う動物の管理の方法等に関し環境省令で定める基準を遵守しなければならない。

2　都道府県又は指定都市は、動物の健康及び安全を保持するとともに、生活環境の保全上の支障が生ずることを防止するため、その自然的、社会的条件から判断して必要があると認めるときは、条例で、前項の基準に代えて第一種動物取扱業者が遵守すべき基準を定めることができる。

（感染性の疾病の予防）

第二十一条の二　第一種動物取扱業者は、その取り扱う動物の健康状態を日常的に確認すること、必要に応じて獣医師による診療を受けさせることその他のその取り扱う動物の感染性の疾病の予防のために必要な措置を適切に実施するよう努めなければならない。

（動物を取り扱うことが困難になつた場合の譲渡し等）

第二十一条の三　第一種動物取扱業者は、第一種動物取扱業を廃止する場合その他の業として動物を取り扱うことが困難になつた場合には、当該動物の譲渡しその他の適切な措置を講ずるよう努めなければならない。

（販売に際しての情報提供の方法等）

第二十一条の四　第一種動物取扱業者のうち犬、猫その他の環境省令で定める動物の販売を業として営む者は、当該動物を販売する場合には、あらかじめ、当該動物を購入しようとする者（第一種動物取扱業者を除く。）に対し、当該販売に係る動物の現在の状態を直接見せるとともに、対面（対面によることが困難な場合として環境省令で定める場合には、対面に相当する方法として環境省令で定めるものを含む。）により書面又は電磁的記録（電子的方式、磁気的方式その他人の知覚によつては認識することができない方式で作られる記録であつて、電子計算機による情報処理の用に供されるものをいう。）を用いて当該動物の飼養又は保管の方法、生年月日、当該動物に係る繁殖を行つた者の氏名その他の適正な飼養又は保管のために必要な情報として環境省令で定めるものを提供しなければならない。

（動物取扱責任者）

第二十二条 第一種動物取扱業者は、事業所ごとに、環境省令で定めるところにより、当該事業所に係る業務を適正に実施するため、動物取扱責任者を選任しなければならない。

2 動物取扱責任者は、第十二条第一項第一号から第六号までに該当する者以外の者でなければならない。

3 第一種動物取扱業者は、環境省令で定めるところにより、動物取扱責任者に動物取扱責任者研修（都道府県知事が行う動物取扱責任者の業務に必要な知識及び能力に関する研修をいう。）を受けさせなければならない。

（犬猫等健康安全計画の遵守）

第二十二条の二 犬猫等販売業者は、犬猫等健康安全計画の定めるところに従い、その業務を行わなければならない。

（獣医師等との連携の確保）

第二十二条の三 犬猫等販売業者は、その飼養又は保管をする犬猫等の健康及び安全を確保するため、獣医師等との適切な連携の確保を図らなければならない。

（終生飼養の確保）

第二十二条の四 犬猫等販売業者は、やむを得ない場合を除き、販売の用に供することが困難となつた犬猫等についても、引き続き、当該犬猫等の終生飼養の確保を図らなければならない。

（幼齢の犬又は猫に係る販売等の制限）

第二十二条の五 犬猫等販売業者（販売の用に供する犬又は猫の繁殖を行う者に限る。）は、その繁殖を行つた犬又は猫であつて出生後五十六日を経過しないものについて、販売のため又は販売の用に供するために引渡し又は展示をしてはならない。

（犬猫等の個体に関する帳簿の備付け等）

第二十二条の六 犬猫等販売業者は、環境省令で定めるところにより、帳簿を備え、その所有する犬猫等の個体ごとに、その所有するに至つた日、その販売若しくは引渡しをした日又は死亡した日その他の環境省令で定める事項を記載し、これを保存しなければならない。

2 犬猫等販売業者は、環境省令で定めるところにより、環境省令で定める期間ごとに、次に掲げる事項を都道府県知事に届け出なければならない。

一 当該期間が開始した日に所有していた犬猫等の種類ごとの数

二 当該期間中に新たに所有するに至つた犬猫等の種類ごとの数

三 当該期間中に販売若しくは引渡し又は死亡の事実が生じた犬猫等の当該区分ごと及び種類ごとの数

四 当該期間が終了した日に所有していた犬猫等の種類ごとの数

五 その他環境省令で定める事項

3 都道府県知事は、犬猫等販売業者の所有する犬猫等に係る死亡の事実の発生の状況に照らして必要があると認めるときは、環境省令で定めるところにより、犬猫等販売業者に対して、期間を指定して、当該指定期間内にその所有する犬猫等に係る死亡の事実が発生した場合には獣医師による診療中に死亡したときを除き獣医師による検案を受け、当該指定期間が満了した日から三十日以内に当該指定期間内に死亡の事実が発生した全ての犬猫等の検案書又は死亡診断書を提出すべきことを命ずることができる。

（勧告及び命令）

第二十三条 都道府県知事は、第一種動物取扱業者が第二十一条第一

項又は第二項の基準を遵守していないと認めるときは、その者に対し、期限を定めて、その取り扱う動物の管理の方法等を改善すべきことを勧告することができる。

2 都道府県知事は、第一種動物取扱業者が第二十一条の四若しくは第二十二条第三項の規定を遵守していないと認めるとき、又は犬猫等販売業者が第二十二条の五の規定を遵守していないと認めるときは、その者に対し、期限を定めて、必要な措置をとるべきことを勧告することができる。

3 都道府県知事は、前二項の規定による勧告を受けた者がその勧告に従わないときは、その者に対し、期限を定めて、その勧告に係る措置をとるべきことを命ずることができる。

（報告及び検査）

第二十四条 都道府県知事は、第十条から第十九条まで及び第二十一条から前条までの規定の施行に必要な限度において、第一種動物取扱業者に対し、飼養施設の状況、その取り扱う動物の管理の方法その他必要な事項に関し報告を求め、又はその職員に、当該第一種動物取扱業者の事業所その他関係のある場所に立ち入り、飼養施設その他の物件を検査させることができる。

2 前項の規定により立入検査をする職員は、その身分を示す証明書を携帯し、関係人に提示しなければならない。

3 第一項の規定による立入検査の権限は、犯罪捜査のために認められたものと解釈してはならない。

第三節 第二種動物取扱業者

（第二種動物取扱業の届出）

第二十四条の二 飼養施設（環境省令で定めるものに限る。以下この節において同じ。）を設置して動物の取扱業（動物の譲渡し、保管、貸出し、訓練、展示その他第十条第一項の政令で定める取扱いに類する取扱いとして環境省令で定めるもの（以下この条において「その他の取扱い」という。）を業として行うことをいう。以下この条において「第二種動物取扱業」という。）を行おうとする者（第十条第一項の登録を受けるべき者及びその取り扱おうとする動物の数が環境省令で定める数に満たない者を除く。）は、第三十五条の規定に基づき同条第一項に規定する都道府県等が犬又は猫の取扱いを行う場合その他環境省令で定める場合を除き、飼養施設を設置する場所ごとに、環境省令で定めるところにより、環境省令で定める書類を添えて、次の事項を都道府県知事に届け出なければならない。

一 氏名又は名称及び住所並びに法人にあつては代表者の氏名

二 飼養施設の所在地

三 その行おうとする第二種動物取扱業の種別（譲渡し、保管、貸出し、訓練、展示又はその他の取扱いの別をいう。以下この号において同じ。）並びにその種別に応じた事業の内容及び実施の方法

四 主として取り扱う動物の種類及び数

五 飼養施設の構造及び規模

六 飼養施設の管理の方法

七 その他環境省令で定める事項

（変更の届出）

第二十四条の三 前条の規定による届出をした者（以下「第二種動物取扱業者」という。）は、同条第三号から第七号までに掲げる事項の変更をしようとするときは、環境省令で定めるところにより、その旨を都道府県知事に届け出なければならない。ただし、その変更が環境省令で定める軽微なものであるときは、この限りでない。

2　第二種動物取扱業者は、前条第一号若しくは第二号に掲げる事項に変更があつたとき、又は届出に係る飼養施設の使用を廃止したときは、その日から三十日以内に、その旨を都道府県知事に届け出なければならない。

（準用規定）
第二十四条の四　第十六条第一項（第五号に係る部分を除く。）、第二十条、第二十一条、第二十三条（第二項を除く。）及び第二十四条の規定は、第二種動物取扱業者について準用する。この場合において、第二十条中「第十条から前条まで」とあるのは「第二十四条の二、第二十四条の三及び第二十四条の四において準用する第十六条第一項（第五号に係る部分を除く。）」と、「登録」とあるのは「届出」と、第二十三条第一項中「第二十一条第一項又は第二項」とあるのは「第二十四条の四において準用する第二十一条第一項又は第二項」と、同条第三項中「前二項」とあるのは「第一項」と、第二十四条第一項中「第十条から第十九条まで及び第二十一条から前条まで」とあるのは「第二十四条の二、第二十四条の三並びに第二十四条の四において準用する第十六条第一項（第五号に係る部分を除く。）、第二十一条及び第二十三条（第二項を除く。）」と、「事業所」とあるのは「飼養施設を設置する場所」と読み替えるものとするほか、必要な技術的読替えは、政令で定める。

第四節　周辺の生活環境の保全等に係る措置
第二十五条　都道府県知事は、多数の動物の飼養又は保管に起因した騒音又は悪臭の発生、動物の毛の飛散、多数の昆虫の発生等によつて周辺の生活環境が損なわれている事態として環境省令で定める事態が生じていると認めるときは、当該事態を生じさせている者に対し、期限を定めて、その事態を除去するために必要な措置をとるべきことを勧告することができる。
2　都道府県知事は、前項の規定による勧告を受けた者がその勧告に係る措置をとらなかつた場合において、特に必要があると認めるときは、その者に対し、期限を定めて、その勧告に係る措置をとるべきことを命ずることができる。
3　都道府県知事は、多数の動物の飼養又は保管が適正でないことに起因して動物が衰弱する等の虐待を受けるおそれがある事態として環境省令で定める事態が生じていると認めるときは、当該事態を生じさせている者に対し、期限を定めて、当該事態を改善するために必要な措置をとるべきことを命じ、又は勧告することができる。
4　（略）

第五節　動物による人の生命等に対する侵害を防止するための措置
（特定動物の飼養又は保管の許可）
第二十六条　人の生命、身体又は財産に害を加えるおそれがある動物として政令で定める動物（以下「特定動物」という。）の飼養又は保管を行おうとする者は、環境省令で定めるところにより、特定動物の種類ごとに、特定動物の飼養又は保管のための施設（以下この節において「特定飼養施設」という。）の所在地を管轄する都道府県知事の許可を受けなければならない。ただし、診療施設（獣医療法（平成四年法律第四十六号）第二条第二項に規定する診療施設をいう。）において獣医師が診療のために特定動物を飼養又は保管する場合その他の環境省令で定める場合は、この限りでない。
2　前項の許可を受けようとする者は、環境省令で定めるところにより、次に掲げる事項を記載した申請書に環境省令で定める書類を添えて、これを都道府県知事に提出しなければならない。

一　氏名又は名称及び住所並びに法人にあつては代表者の氏名
二　特定動物の種類及び数
三　飼養又は保管の目的
四　特定飼養施設の所在地
五　特定飼養施設の構造及び規模
六　特定動物の飼養又は保管の方法
七　特定動物の飼養又は保管が困難になつた場合における措置に関する事項
八　その他環境省令で定める事項

（許可の基準）
第二十七条　都道府県知事は、前条第一項の許可の申請が次の各号に適合していると認めるときでなければ、同項の許可をしてはならない。
一　その申請に係る前条第二項第五号から第七号までに掲げる事項が、特定動物の性質に応じて環境省令で定める特定飼養施設の構造及び規模、特定動物の飼養又は保管の方法並びに特定動物の飼養又は保管が困難になつた場合における措置に関する基準に適合するものであること。
二　申請者が次のいずれにも該当しないこと。
　イ　この法律又はこの法律に基づく処分に違反して罰金以上の刑に処せられ、その執行を終わり、又は執行を受けることがなくなつた日から二年を経過しない者
　ロ　第二十九条の規定により許可を取り消され、その処分のあつた日から二年を経過しない者
　ハ　法人であつて、その役員のうちにイ又はロのいずれかに該当する者があるもの
2　都道府県知事は、前条第一項の許可をする場合において、特定動物による人の生命、身体又は財産に対する侵害の防止のため必要があると認めるときは、その必要の限度において、その許可に条件を付することができる。

（変更の許可等）
第二十八条　第二十六条第一項の許可（この項の規定による許可を含む。）を受けた者（以下「特定動物飼養者」という。）は、同条第二項第二号又は第四号から第七号までに掲げる事項を変更しようとするときは、環境省令で定めるところにより都道府県知事の許可を受けなければならない。ただし、その変更が環境省令で定める軽微なものであるときは、この限りでない。
2〜3　（略）

（許可の取消し）
第二十九条　都道府県知事は、特定動物飼養者が次の各号のいずれかに該当するときは、その許可を取り消すことができる。
一　不正の手段により特定動物飼養者の許可を受けたとき。
二　その者の特定飼養施設の構造及び規模並びに特定動物の飼養又は保管の方法が第二十七条第一項第一号に規定する基準に適合しなくなつたとき。
三　第二十七条第一項第二号ハに該当することとなつたとき。
四　この法律若しくはこの法律に基づく命令又はこの法律に基づく処分に違反したとき。

（環境省令への委任）
第三十条　第二十六条から前条までに定めるもののほか、特定動物の飼養又は保管の許可に関し必要な事項については、環境省令で定める。

141

（飼養又は保管の方法）

第三十一条 特定動物飼養者は、その許可に係る飼養又は保管をするには、当該特定動物に係る特定飼養施設の点検を定期的に行うこと、当該特定動物についてその許可を受けていることを明らかにすることその他の環境省令で定める方法によらなければならない。

（特定動物飼養者に対する措置命令等）

第三十二条 都道府県知事は、特定動物飼養者が前条の規定に違反し、又は第二十七条第二項（第二十八条第二項において準用する場合を含む。）の規定により付された条件に違反した場合において、特定動物による人の生命、身体又は財産に対する侵害の防止のため必要があると認めるときは、当該特定動物に係る飼養又は保管の方法の改善その他の必要な措置をとるべきことを命ずることができる。

（報告及び検査）

第三十三条 都道府県知事は、第二十六条から第二十九条まで及び前二条の規定の施行に必要な限度において、特定動物飼養者に対し、特定飼養施設の状況、特定動物の飼養又は保管の方法その他必要な事項に関し報告を求め、又はその職員に、当該特定動物飼養者の特定飼養施設を設置する場所その他関係のある場所に立ち入り、特定飼養施設その他の物件を検査させることができる。

2 （略）

第六節　動物愛護担当職員

第三十四条 地方公共団体は、条例で定めるところにより、第二十四条第一項（第二十四条の四において読み替えて準用する場合を含む。）又は前条第一項の規定による立入検査その他の動物の愛護及び管理に関する事務を行わせるため、動物愛護管理員等の職名を有する職員（次項及び第四十一条の四において「動物愛護担当職員」という。）を置くことができる。

2 動物愛護担当職員は、当該地方公共団体の職員であつて獣医師等動物の適正な飼養及び保管に関し専門的な知識を有するものをもつて充てる。

第四章　都道府県等の措置等（抄）

（犬及び猫の引取り）

第三十五条 都道府県等（都道府県及び指定都市、地方自治法第二百五十二条の二十二第一項の中核市（以下「中核市」という。）その他政令で定める市（特別区を含む。以下同じ。）をいう。以下同じ。）は、犬又は猫の引取りをその所有者から求められたときは、これを引き取らなければならない。ただし、犬猫等販売業者から引取りを求められた場合その他の第七条第四項の規定の趣旨に照らして引取りを求める相当の事由がないと認められる場合として環境省令で定める場合には、その引取りを拒否することができる。

2 前項本文の規定により都道府県等が犬又は猫を引き取る場合には、都道府県知事等（都道府県等の長をいう。以下同じ。）は、その犬又は猫を引き取るべき場所を指定することができる。

3 第一項本文及び前項の規定は、都道府県等が所有者の判明しない犬又は猫の引取りをその拾得者その他の者から求められた場合に準用する。

4 都道府県知事等は、第一項本文（前項において準用する場合を含む。次項、第七項及び第八項において同じ。）の規定により引取りを行つた犬又は猫について、殺処分がなくなることを目指して、所有者がいると推測されるものについてはその所有者を発見し、当該所有者に返還するよう努めるとともに、所有者がいないと推測されるもの、所有者から引取りを求められたもの又は所有者の発見ができないものについてはその飼養を希望する者を募集し、当該希望する者に譲り渡すよう努めるものとする。

5 （略）

6 都道府県知事等は、動物の愛護を目的とする団体その他の者に犬及び猫の引取り又は譲渡しを委託することができる。

7～8 （略）

（負傷動物等の発見者の通報措置）

第三十六条 道路、公園、広場その他の公共の場所において、疾病にかかり、若しくは負傷した犬、猫等の動物又は犬、猫等の動物の死体を発見した者は、速やかに、その所有者が判明しているときは所有者に、その所有者が判明しないときは都道府県知事等に通報するように努めなければならない。

2 都道府県等は、前項の規定による通報があつたときは、その動物又はその動物の死体を収容しなければならない。

3 前条第七項の規定は、前項の規定により動物を収容する場合に準用する。

（犬及び猫の繁殖制限）

第三十七条 犬又は猫の所有者は、これらの動物がみだりに繁殖してこれに適正な飼養を受ける機会を与えることが困難となるようなおそれがあると認める場合には、その繁殖を防止するため、生殖を不能にする手術その他の措置をするように努めなければならない。

2 都道府県等は、第三十五条第一項本文の規定による犬又は猫の引取り等に際して、前項に規定する措置が適切になされるよう、必要な指導及び助言を行うように努めなければならない。

（動物愛護推進員）

第三十八条 都道府県知事等は、地域における犬、猫等の動物の愛護の推進に熱意と識見を有する者のうちから、動物愛護推進員を委嘱することができる。

2 動物愛護推進員は、次に掲げる活動を行う。

一　犬、猫等の動物の愛護と適正な飼養の重要性について住民の理解を深めること。

二　住民に対し、その求めに応じて、犬、猫等の動物がみだりに繁殖することを防止するための生殖を不能にする手術その他の措置に関する必要な助言をすること。

三　犬、猫等の動物の所有者等に対し、その求めに応じて、これらの動物に適正な飼養を受ける機会を与えるために譲渡のあつせんその他の必要な支援をすること。

四　犬、猫等の動物の愛護と適正な飼養の推進のために国又は都道府県等が行う施策に必要な協力をすること。

五　災害時において、国又は都道府県等が行う犬、猫等の動物の避難、保護等に関する施策に必要な協力をすること。

（協議会）

第三十九条 都道府県等、動物の愛護を目的とする一般社団法人又は一般財団法人、獣医師の団体その他の動物の愛護と適正な飼養について普及啓発を行つている団体等は、当該都道府県等における動物愛護推進員の委嘱の推進、動物愛護推進員の活動に対する支援等に関し必要な協議を行うための協議会を組織することができる。

第五章　雑則（抄）

（動物を殺す場合の方法）

第四十条　動物を殺さなければならない場合には、できる限りその動物に苦痛を与えない方法によつてしなければならない。

2　環境大臣は、関係行政機関の長と協議して、前項の方法に関し必要な事項を定めることができる。

（動物を科学上の利用に供する場合の方法、事後措置等）

第四十一条　動物を教育、試験研究又は生物学的製剤の製造の用その他の科学上の利用に供する場合には、科学上の利用の目的を達することができる範囲において、できる限り動物を供する方法に代わり得るものを利用すること、できる限りその利用に供される動物の数を少なくすること等により動物を適切に利用することに配慮するものとする。

2　動物を科学上の利用に供する場合には、その利用に必要な限度において、できる限りその動物に苦痛を与えない方法によつてしなければならない。

3　動物が科学上の利用に供された後において回復の見込みのない状態に陥つている場合には、その科学上の利用に供した者は、直ちに、できる限り苦痛を与えない方法によつてその動物を処分しなければならない。

4　環境大臣は、関係行政機関の長と協議して、第二項の方法及び前項の措置に関しよるべき基準を定めることができる。

（獣医師による通報）

第四十一条の二　獣医師は、その業務を行うに当たり、みだりに殺されたと思われる動物の死体又はみだりに傷つけられ、若しくは虐待を受けたと思われる動物を発見したときは、都道府県知事その他の関係機関に通報するよう努めなければならない。

第四十一条の三～第四十三条　（略）

第六章　罰則

第四十四条　愛護動物をみだりに殺し、又は傷つけた者は、二年以下の懲役又は二百万円以下の罰金に処する。

2　愛護動物に対し、みだりに、給餌若しくは給水をやめ、酷使し、又はその健康及び安全を保持することが困難な場所に拘束することにより衰弱させること、自己の飼養し、又は保管する愛護動物であつて疾病にかかり、又は負傷したものの適切な保護を行わないこと、排せつ物の堆積した施設又は他の愛護動物の死体が放置された施設であつて自己の管理するものにおいて飼養し、又は保管することその他の虐待を行つた者は、百万円以下の罰金に処する。

3　愛護動物を遺棄した者は、百万円以下の罰金に処する。

4　前三項において「愛護動物」とは、次の各号に掲げる動物をいう。

一　牛、馬、豚、めん羊、山羊、犬、猫、いえうさぎ、鶏、いえばと及びあひる

二　前号に掲げるものを除くほか、人が占有している動物で哺乳類、鳥類又は爬虫類に属するもの

第四十五条　次の各号のいずれかに該当する者は、六月以下の懲役又は百万円以下の罰金に処する。

一　第二十六条第一項の規定に違反して許可を受けないで特定動物を飼養し、又は保管した者

二　不正の手段によつて第二十六条第一項の許可を受けた者

三　第二十八条第一項の規定に違反して第二十六条第二項第二号又は第四号から第七号までに掲げる事項を変更した者

第四十六条　次の各号のいずれかに該当する者は、百万円以下の罰金に処する。

一　第十条第一項の規定に違反して登録を受けないで第一種動物取扱業を営んだ者

二　不正の手段によつて第十条第一項の登録（第十三条第一項の登録の更新を含む。）を受けた者

三　第十九条第一項の規定による業務の停止の命令に違反した者

四　第二十三条第三項又は第三十二条の規定による命令に違反した者

第四十六条の二　第二十五条第二項又は第三項の規定による命令に違反した者は、五十万円以下の罰金に処する。

第四十七条　次の各号のいずれかに該当する者は、三十万円以下の罰金に処する。

一　第十四条第一項から第三項まで、第二十四条の二、第二十四条の三第一項又は第二十八条第三項の規定による届出をせず、又は虚偽の届出をした者

二　第二十二条の六第三項の規定による命令に違反して、検案書又は死亡診断書を提出しなかつた者

三　第二十四条第一項（第二十四条の四において読み替えて準用する場合を含む。）又は第三十三条第一項の規定による報告をせず、若しくは虚偽の報告をし、又はこれらの規定による検査を拒み、妨げ、若しくは忌避した者

四　第二十四条の四において読み替えて準用する第二十三条第三項の規定による命令に違反した者

第四十八条　法人の代表者又は法人若しくは人の代理人、使用人その他の従業者が、その法人又は人の業務に関し、第四十四条から前条までの違反行為をしたときは、行為者を罰するほか、その法人に対して次の各号に定める罰金刑を、その人に対して各本条の罰金刑を科する。

一　第四十五条　五千万円以下の罰金刑

二　第四十四条又は前三条　各本条の罰金刑

第四十九条　次の各号のいずれかに該当する者は、二十万円以下の過料に処する。

一　第十六条第一項（第二十四条の四において準用する場合を含む。）、第二十二条の六第二項又は第二十四条の三第二項の規定による届出をせず、又は虚偽の届出をした者

二　第二十二条の六第一項の規定に違反して、帳簿を備えず、帳簿に記載せず、若しくは虚偽の記載をし、又は帳簿を保存しなかつた者

第五十条　第十八条の規定による標識を掲げない者は、十万円以下の過料に処する。

動物の愛護及び管理に関する法律施行規則（抜粋）
平成十八年一月二十日環境省令第一号

最終改正：平成二十六年五月三十日環境省令第十八号

（第一種動物取扱業の登録の基準）

第三条 法第十二条第一項の動物の健康及び安全の保持その他動物の適正な取扱いを確保するため必要なものとして環境省令で定める基準は、次に掲げるものとする。

一 事業所及び飼養施設の建物並びにこれらに係る土地について、事業の実施に必要な権原を有していること。

二 販売業（動物の販売を業として行うことをいう。以下同じ。）を営もうとする者にあっては、様式第一別記により事業の実施の方法を明らかにした書類の記載内容が、第八条第一号から第三号まで、第五号から第七号まで及び第十号に定める内容に適合していること。

三 貸出業（動物の貸出しを業として行うことをいう。以下同じ。）を営もうとする者にあっては、様式第一別記により事業の実施の方法を明らかにした書類の記載内容が、第八条第二号、第三号、第八号及び第十号に定める内容に適合していること。

四 事業所ごとに、一名以上の常勤の職員が当該事業所に専属の動物取扱責任者として配置されていること。

五 事業所ごとに、顧客に対し適正な動物の飼養及び保管の方法等に係る重要事項を説明し、又は動物を取り扱う職員として、次に掲げる要件のいずれかに該当する者が配置されていること。

イ 営もうとする第一種動物取扱業の種別ごとに別表下欄に定める種別に係る半年間以上の実務経験があること。

ロ 営もうとする第一種動物取扱業の種別に係る知識及び技術について一年間以上教育する学校その他の教育機関を卒業していること。

ハ 公平性及び専門性を持った団体が行う客観的な試験によって、営もうとする第一種動物取扱業の種別に係る知識及び技術を習得していることの証明を得ていること。

六 事業所以外の場所において、顧客に対し適正な動物の飼養及び保管の方法等に係る重要事項を説明し、又は動物を取り扱う職員は、前号イからハまでに掲げる要件のいずれかに該当する者であること。

七 事業の内容及び実施の方法にかんがみ事業に供する動物の適正な取扱いのために必要な飼養施設を有し、又は営業の開始までにこれを設置する見込みがあること。

2 法第十二条第一項の環境省令で定める飼養施設の構造、規模及び管理に関する基準は、次に掲げるものとする。

一 飼養施設は、前条第二項第四号イからワまでに掲げる設備等を備えていること。

二 ねずみ、はえ、蚊、のみその他の衛生動物が侵入するおそれがある場合にあっては、その侵入を防止できる構造であること。

三 床、内壁、天井及び附属設備は、清掃が容易である等衛生状態の維持及び管理がしやすい構造であること。

四 飼養又は保管をする動物の種類、習性、運動能力、数等に応じて、その逸走を防止することができる構造及び強度であること。

五 飼養施設及びこれに備える設備等は、事業の実施に必要な規模であること。

六 飼養施設は、動物の飼養又は保管に係る作業の実施に必要な空間を確保していること。

七 飼養施設に備えるケージ等は、次に掲げるとおりであること。

イ 耐水性がないため洗浄が容易でない等衛生管理上支障がある材質を用いていないこと。

ロ 底面は、ふん尿等が漏えいしない構造であること。

ハ 側面又は天井は、常時、通気が確保され、かつ、ケージ等の内部を外部から見通すことのできる構造であること。ただし、当該飼養又は保管に係る動物が傷病動物である等特別の事情がある場合には、この限りでない。

ニ 飼養施設の床等に確実に固定する等、衝撃による転倒を防止するための措置が講じられていること。

ホ 動物によって容易に損壊されない構造及び強度であること。

八 構造及び規模が取り扱う動物の種類及び数にかんがみ著しく不適切なものでないこと。

九 犬又は猫の飼養施設は、他の場所から区分する等の夜間（午後八時から午前八時までの間をいう。以下同じ。）に当該施設に顧客、見学者等を立ち入らせないための措置が講じられていること（販売業、貸出業又は展示業（動物の展示を業として行うことをいう。以下同じ。）を営もうとする者であって夜間に営業しようとする者に限る。）。

3 法第十二条第一項の幼齢の犬猫等の健康及び安全の確保並びに犬猫等の終生飼養の確保を図るために適切なものとして環境省令で定める基準は、次に掲げるものとする。

一 犬猫等健康安全計画が、第一項の動物の健康及び安全の保持その他動物の適正な取扱いを確保するため必要なものとして環境省令で定める基準、前項の環境省令で定める飼養施設の構造、規模及び管理に関する基準並びに第八条の基準に適合するものであること。

二 犬猫等健康安全計画が、幼齢の犬猫等の健康及び安全の保持の確保上明確かつ具体的であること。

三 犬猫等健康安全計画に定める販売の用に供することが困難になった犬猫等の取扱いが、犬猫等の終生飼養を確保するために適切なものであること。

（標識の掲示）

第七条 法第十八条の標識の掲示は、様式第九により、次に掲げる事項を記載した標識を、事業所における顧客の出入口から見やすい位置に掲示する方法により行うものとする。ただし、事業所以外の場所で営業をする場合にあっては、併せて、様式第十により第一号から第五号までに掲げる事項を記載した識別章を、顧客と接するすべての職員について、その胸部等顧客から見やすい位置に掲示する方法により行うものとする。

一 第一種動物取扱業者の氏名（法人にあっては名称）

二 事業所の名称及び所在地

三 登録に係る第一種動物取扱業の種別

四 登録番号

五 登録の年月日及び有効期間の末日

六 動物取扱責任者の氏名

（第一種動物取扱業者の遵守基準）

第八条 法第二十一条第一項の環境省令で定める基準は、次に掲げるものとする。

一 販売業者にあっては、離乳等を終えて、成体が食べる餌と同

様の餌を自力で食べることができるようになった動物（哺乳類に属する動物に限る。）を販売に供すること。

二　販売業者及び貸出業者にあっては、飼養環境の変化及び輸送に対して十分な耐性が備わった動物を販売又は貸出しに供すること。

三　販売業者及び貸出業者にあっては、二日間以上その状態（下痢、おう吐、四肢の麻痺等外形上明らかなものに限る。）を目視によって観察し、健康上の問題があることが認められなかった動物を販売又は貸出しに供すること。

四　販売業者、貸出業者及び展示業者（登録を受けて展示業を営む者をいう。以下同じ。）にあっては、犬又は猫の展示を行う場合には、午前八時から午後八時までの間において行うこと。

五　販売業者にあっては、第一種動物取扱業者を相手方として動物を販売しようとする場合には、当該販売をしようとする動物について、その生理、生態、習性等に合致した適正な飼養又は保管が行われるように、契約に当たって、あらかじめ、次に掲げる当該動物の特性及び状態に関する情報を当該第一種動物取扱業者に対して文書（電磁的記録を含む。）を交付して説明するとともに、当該文書を受領したことについて当該第一種動物取扱業者に署名等による確認を行わせること。ただし、ロからヌまでに掲げる情報については、必要に応じて説明すれば足りるものとする。

イ　品種等の名称
ロ　性成熟時の標準体重、標準体長その他の体の大きさに係る情報
ハ　平均寿命その他の飼養期間に係る情報
ニ　飼養又は保管に適した飼養施設の構造及び規模
ホ　適切な給餌及び給水の方法
ヘ　適切な運動及び休養の方法
ト　主な人と動物の共通感染症その他の当該動物がかかるおそれの高い疾病の種類及びその予防方法
チ　不妊又は去勢の措置の方法及びその費用（哺乳類に属する動物に限る。）
リ　チに掲げるもののほかみだりな繁殖を制限するための措置（不妊又は去勢の措置を不可逆的な方法により実施している場合を除く。）
ヌ　遺棄の禁止その他当該動物に係る関係法令の規定による規制の内容
ル　性別の判定結果
ヲ　生年月日（輸入等をされた動物であって、生年月日が明らかでない場合にあっては、推定される生年月日及び輸入年月日等）
ワ　不妊又は去勢の措置の実施状況（哺乳類に属する動物に限る。）
カ　繁殖を行った者の氏名又は名称及び登録番号又は所在地（輸入された動物であって、繁殖を行った者が明らかでない場合にあっては当該動物を輸出した者の氏名又は名称及び所在地、譲渡された動物であって、繁殖を行った者が明らかでない場合にあっては譲渡した者の氏名又は名称及び所在地）
ヨ　所有者の氏名（自己の所有しない動物を販売しようとする場合に限る。）
タ　当該動物の病歴、ワクチンの接種状況等
レ　当該動物の親及び同腹子に係る遺伝性疾患の発生状況（哺乳類に属する動物に限り、かつ、関係者からの聴取り等によっても知ることが困難であるものを除く。）
ソ　イからレまでに掲げるもののほか、当該動物の適正な飼養又は保管に必要な事項

六　販売業者にあっては、法第二十一条の四の規定に基づき情報を提供した際は、当該情報提供を受けたことについて顧客に署名等による確認を行わせること。

七　販売業者にあっては、契約に当たって、飼養又は保管をしている間に疾病等の治療、ワクチンの接種等を行った動物について、獣医師が発行した疾病等の治療、ワクチンの接種等に係る証明書を顧客に交付すること。また、当該動物の仕入先から受け取った疾病等の治療、ワクチンの接種等に係る証明書がある場合には、これも併せて交付すること。

八　貸出業者にあっては、貸出しをしようとする動物の生理、生態、習性等に合致した適正な飼養又は保管が行われるように、契約に当たって、あらかじめ、次に掲げるその動物の特性及び状態に関する情報を貸出先に対して提供すること。
イ　品種等の名称
ロ　飼養又は保管に適した飼養施設の構造及び規模
ハ　適切な給餌及び給水の方法
ニ　適切な運動及び休養の方法
ホ　主な人と動物の共通感染症その他の当該動物がかかるおそれの高い疾病の種類及びその予防方法
ヘ　遺棄の禁止その他当該動物に係る関係法令の規定による規制の内容
ト　性別の判定結果
チ　不妊又は去勢の措置の実施状況（哺乳類に属する動物に限る。）
リ　当該動物のワクチンの接種状況
ヌ　イからリまでに掲げるもののほか、当該動物の適正な飼養又は保管に必要な事項

九　競りあっせん業者（登録を受けて動物の売買をしようとする者のあっせんを会場を設けて競りの方法により行うことを業として営む者をいう。以下同じ。）にあっては、実施した競りにおいて売買が行われる際に、販売業者により第五号に掲げる販売に係る契約時の説明が行われていることを確認すること。

十　第五号に掲げる販売に係る契約時の説明及び第一種動物取扱業者による確認、法第二十一条の四の規定に基づく情報提供及び第六号に掲げる当該情報提供についての顧客による確認並びに第八号に掲げる貸出しに係る契約時の情報提供の実施状況について、様式第十一により記録した台帳を調製し、当該販売又は貸出しに係る顧客を明確にした上で、これを五年間保管すること。競りあっせん業者にあっては、実施した競りにおいて売買された動物について、第五号に掲げる販売に係る契約時の説明及び顧客による確認に係る文書の写しを、販売業者から受け取るとともに、当該写しに係る販売業者及び顧客を明確にした上で、これを五年間保管すること。ただし、犬猫等販売業者が、法第二十二条の六第一項に基づく犬猫等の個体に関する帳簿を備え付けている場合は、この限りでない。

十一　動物の仕入れ、販売等の動物の取引を行うに当たっては、あらかじめ、当該取引の相手方が動物の取引に関する関係法令に違反していないこと及び違反するおそれがないことを聴取し、違反が確認された場合にあっては、当該取引の相手方と動物の取引を行わないこと。特に、特定動物の取引に当たっては、あらかじめ、その相手方が法第二十六条第一項の許可を受けていることを許可証等により確認し、許可を受けていないことが確認された場合にあっては、当該特定動物の取引を行わないこと。

十二　前各号に掲げるもののほか、動物の管理の方法等に関し環境大臣が定める細目を遵守すること。

（販売に際しての情報提供の方法等）

第八条の二 法第二十一条の四の環境省令で定める動物は、哺乳類、鳥類又は爬虫類に属する動物とする。

2 法第二十一条の四の適正な飼養又は保管のために必要な情報として環境省令で定めるものは、次に掲げる事項とする。

一 品種等の名称

二 性成熟時の標準体重、標準体長その他の体の大きさに係る情報

三 平均寿命その他の飼養期間に係る情報

四 飼養又は保管に適した飼養施設の構造及び規模

五 適切な給餌及び給水の方法

六 適切な運動及び休養の方法

七 主な人と動物の共通感染症その他の当該動物がかかるおそれの高い疾病の種類及びその予防方法

八 不妊又は去勢の措置の方法及びその費用（哺乳類に属する動物に限る。）

九 前号に掲げるもののほかみだりな繁殖を制限するための措置（不妊又は去勢の措置を不可逆的な方法により実施している場合を除く。）

十 遺棄の禁止その他当該動物に係る関係法令の規定による規制の内容

十一 性別の判定結果

十二 生年月日（輸入等をされた動物であって、生年月日が明らかでない場合にあっては、推定される生年月日及び輸入年月日等）

十三 不妊又は去勢の措置の実施状況（哺乳類に属する動物に限る。）

十四 繁殖を行った者の氏名又は名称及び登録番号又は所在地（輸入された動物であって、繁殖を行った者が明らかでない場合にあっては当該動物を輸出した者の氏名又は名称及び所在地、譲渡された動物であって、繁殖を行った者が明らかでない場合にあっては当該動物を譲渡した者の氏名又は名称及び所在地）

十五 所有者の氏名（自己の所有しない動物を販売しようとする場合に限る。）

十六 当該動物の病歴、ワクチンの接種状況等

十七 当該動物の親及び同腹子に係る遺伝性疾患の発生状況（哺乳類に属する動物に限り、かつ、関係者からの聴取り等によっても知ることが困難であるものを除く。）

十八 前各号に掲げるもののほか、当該動物の適正な飼養又は保管に必要な事項

（動物取扱責任者の選任）

第九条 法第二十二条第一項の動物取扱責任者は、次の要件を満たす職員のうちから選任するものとする。

一 第三条第一項第五号イからハまでに掲げる要件のいずれかに該当すること。

二 事業所の動物取扱責任者以外のすべての職員に対し、動物取扱責任者研修において得た知識及び技術に関する指導を行う能力を有すること。

（動物取扱責任者研修）

第十条 都道府県知事は、動物取扱責任者研修を開催する場合には、あらかじめ、日時、場所等を登録している第一種動物取扱業者に通知するものとする。

2 前項の規定による開催の通知を受けた第一種動物取扱業者は、通知の内容を選任したすべての動物取扱責任者に対して遅滞なく連絡しなければならない。

3 第一種動物取扱業者は、選任したすべての動物取扱責任者に、当該登録に係る都道府県知事の開催する動物取扱責任者研修を次に定めるところにより受けさせなければならない。ただし、都道府県知事が別に定める場合にあっては、当該都道府県知事が指定した他の都道府県知事が開催する動物取扱責任者研修を受けさせることをもってこれに代えることができる。

一 一年に一回以上受けさせること。

二 一回当たり三時間以上受けさせること。

三 次に掲げる項目について受けさせること。

イ 動物の愛護及び管理に関する法令（条例を含む。）

ロ 飼養施設の管理に関する方法

ハ 動物の管理に関する方法

ニ イからハまでに掲げるもののほか、第一種動物取扱業の業務の実施に関すること。

（犬猫等の個体に関する帳簿の備付け）

第十条の二 法第二十二条の六第一項の環境省令で定める事項は、次のとおりとする。

一 当該犬猫等の品種等の名称

二 当該犬猫等の繁殖者の氏名又は名称及び登録番号又は所在地（輸入された犬猫等であって、繁殖を行った者が明らかでない場合にあっては当該犬猫等を輸出した者の氏名又は名称及び所在地、譲渡された犬猫等であって、繁殖を行った者が明らかでない場合にあっては当該犬猫等を譲渡した者の氏名又は名称及び所在地）

三 当該犬猫等の生年月日（輸入等をされた犬猫等であって、生年月日が明らかでない場合にあっては、推定される生年月日及び輸入年月日等）

四 当該犬猫等を所有するに至った日

五 当該犬猫等を当該犬猫等販売業者に販売した者又は譲渡した者の氏名又は名称及び登録番号又は所在地

六 当該犬猫等の販売又は引渡しをした日

七 当該犬猫等の販売又は引渡しの相手方の氏名又は名称及び登録番号又は所在地

八 当該犬猫等の販売又は引渡しの相手方が動物の取引に関する関係法令に違反していないことの確認状況

九 当該犬猫等の販売を行った者の氏名

十 当該犬猫等の販売に際しての法第二十一条の四に規定する情報提供及び第八条第六号に掲げる当該情報提供についての顧客による確認の実施状況

十一 当該犬猫等が死亡（犬猫等販売業者が飼養又は保管している間に死亡の事実が発生した場合に限る。次号において同じ。）した日

十二 当該犬猫等の死亡の原因

2 法第二十二条の六第一項の帳簿は、記載の日から五年間保存しなければならない。

3 前項に規定する保存は、電磁的方法（電子的方法、磁気的方法その他の人の知覚によって認識することができない方法をいう。）による記録に係る記録媒体により行うことができる。

4 帳簿の保存に当たっては、取引伝票又は検案書等の当該帳簿の記載事項に関する情報が記載された書類を整理し、保存するよう努めなければならない。

（第二種動物取扱業者の範囲等）

第十条の五 法第二十四条の二の飼養施設は、人の居住の用に供する部分と区分できる施設（動物（次項に規定する数を超えない場合に限る。）の飼養又は保管を、一時的に委託を受けて行う者の飼養

施設を除く。）とする。

2 法第二十四条の二の環境省令で定める数は、次の各号の区分に応じ、それぞれ当該各号に定める数とする。

一 大型動物（牛、馬、豚、ダチョウ又はこれらと同等以上の大きさを有する哺乳類若しくは鳥類に属する動物）及び特定動物の合計数 三

二 中型動物（犬、猫又はこれらと同等以上の大きさを有する哺乳類、鳥類若しくは爬虫類に属する動物。ただし、大型動物は除く。）の合計数 十

三 前二号に掲げる動物以外の哺乳類、鳥類又は爬虫類に属する動物の合計数 五十

四 第一号及び第二号に掲げる動物の合計数 十

五 第一号から第三号までに掲げる動物の合計数 五十

3 （略）

（第二種動物取扱業者の遵守基準）

第十条の九 法第二十四条の四において準用する法第二十一条第一項の環境省令で定める基準は、次に掲げるものとする。

一 譲渡業者（届出をして譲渡業を行う者をいう。以下同じ。）にあっては、譲渡しをしようとする動物について、その生理、生態、習性等に合致した適正な飼養又は保管が行われるように、譲渡しに当たって、あらかじめ、次に掲げる当該動物の特性及び状態に関する情報を譲渡先に対して説明すること。

イ 品種等の名称

ロ 飼養又は保管に適した飼養施設の構造及び規模

ハ 適切な給餌及び給水の方法

ニ 適切な運動及び休養の方法

ホ 遺棄の禁止その他当該動物に係る関係法令の規定による規制の内容

二 譲渡業者にあっては、譲渡しに当たって、飼養又は保管をしている間に疾病等の治療、ワクチンの接種等を行った動物について、獣医師が発行した疾病等の治療、ワクチンの接種等に係る証明書を譲渡先に交付すること。また、当該動物を譲渡した者から受け取った疾病等の治療、ワクチンの接種等に係る証明書がある場合には、これも併せて交付すること。

三 届出をして貸出業を行う者にあっては、貸出しをしようとする動物の生理、生態、習性等に合致した適正な飼養又は保管が行われるように、貸出しに当たって、あらかじめ、次に掲げるその動物の特性及び状態に関する情報を貸出先に対して提供すること。

イ 品種等の名称

ロ 飼養又は保管に適した飼養施設の構造及び規模

ハ 適切な給餌及び給水の方法

ニ 適切な運動及び休養の方法

ホ 遺棄の禁止その他当該動物に係る関係法令の規定による規制の内容

四 前各号に掲げるもののほか、動物の管理の方法等に関し環境大臣が定める細目を遵守すること。

（許可の基準）

第十七条 法第二十七条第一項第一号の環境省令で定める基準は、次に掲げるものとする。

一 特定飼養施設の構造及び規模が次のとおりであること。

イ 特定動物の種類に応じ、その逸走を防止できる構造及び強度であること。

ロ 申請に係る特定動物の取扱者以外の者が容易に当該特定動物に触れるおそれがない構造及び規模であること。ただし、

動物の生態、生息環境等に関する情報の提供により、観覧者の動物に関する知識を深めることを目的として展示している特定動物であって、観覧者等の安全性が確保されているものとして都道府県知事が認めた場合にあってはこの限りでない。

ハ イ及びロに定めるもののほか、特定動物の種類ごとに環境大臣が定める特定飼養施設の構造及び規模に関する基準の細目を満たしていること。ただし、動物の生態、生息環境等に関する情報の提供により、観覧者の動物に関する知識を深めることを目的として展示している特定動物であって、観覧者等の安全性が確保されているものとして都道府県知事が認めた場合にあってはこの限りでない。

二 特定動物の飼養又は保管の方法が、人の生命、身体又は財産に対する侵害を防止する上で不適当と認められないこと。

三 特定動物の飼養又は保管が困難になった場合における措置が、次のいずれかに該当すること。

イ 譲渡先又は譲渡先を探すための体制の確保

ロ 殺処分（イを行うことが困難な場合であって、自らの責任においてこれを行う場合に限る。）

（飼養又は保管の方法）

第二十条 法第三十一条の環境省令で定める方法は、次に掲げるものとする。

一 特定飼養施設の点検を定期的に行うこと。

二 特定動物の飼養又は保管の状況を定期的に確認すること。

三 特定動物の飼養又は保管を開始したときは、特定動物の種類ごとに、当該特定動物について、法第二十六条第一項の許可を受けていることを明らかにするためのマイクロチップ又は脚環の装着その他の環境大臣が定める措置を講じ、様式第二十により当該措置内容を都道府県知事に届け出ること（既に当該措置が講じられている場合を除く。）。ただし、改正法附則第五条第一項の規定により引き続き特定動物の飼養又は保管を行うことができる場合においては、同条第三項の規定にかかわらず、この限りでない。

四 前各号に掲げるもののほか、環境大臣が定める飼養又は保管の方法によること。

（犬猫の引取りを求める相当の事由がないと認められる場合）

第二十一条の二 法第三十五条第一項ただし書の環境省令で定める場合は、次のいずれかに該当する場合とする。ただし、次のいずれかに該当する場合であっても、生活環境の保全上の支障を防止するために必要と認められる場合については、この限りでない。

一 犬猫等販売業者から引取りを求められた場合

二 引取りを繰り返し求められた場合

三 子犬又は子猫の引取りを求められた場合であって、当該引取りを求める者が都道府県等からの繁殖を制限するための措置に関する指示に従っていない場合

四 犬又は猫の老齢又は疾病を理由として引取りを求められた場合

五 引取りを求める犬又は猫の飼養が困難であるとは認められない理由により引取りを求められた場合

六 あらかじめ引取りを求める犬又は猫の譲渡先を見つけるための取組を行っていない場合

七 前各号に掲げるもののほか、法第七条第四項の規定の趣旨に照らして引取りを求める相当の事由がないと認められる場合として都道府県等の条例、規則等に定める場合

動物看護学教育標準カリキュラム準拠

専門基礎分野　動物医療関連法規

2015年3月31日　第1版第1刷発行

編　者　全国動物保健看護系大学協会　カリキュラム検討委員会　編
監修者　牧野ゆき
発行人　西澤行人
発行所　株式会社インターズー
〒150-0002　東京都渋谷区渋谷1丁目3-9　東海堂渋谷ビル7階
Tel.03-6427-4571（代表）／ Fax.03-6427-4577
業務部（受注専用）Tel.0120-80-1906 ／ Fax.0120-80-1872
振替口座00140-2-721535
E-mail : info@interzoo.co.jp
Web Site : http://www.interzoo.co.jp/

表紙・本文フォーマット　秋山智子
編集協力　青山エディックス スタジオ
イラスト・組版・印刷・製本　株式会社創英

乱丁・落丁本は、送料小社負担にてお取替えいたします。
本書の内容の一部または全部を無断で複写・複製・転載することを禁じます。
Copyright © 2015 Interzoo Publishing Co., Ltd. All Rights Reserved.
ISBN978-4-89995-859-8　C3047

動物看護学教育標準カリキュラム準拠教科書 全18タイトル

全国動物保健看護系大学協会が策定する"動物看護学教育標準カリキュラム"に準拠する教科書です。動物看護教育に必須の全18タイトルを取り揃えています。

教科書作成科目名	予定頁数	予価
動物形態機能学	348	本体価格 6,500 円＋税
動物行動学	176	本体価格 3,000 円＋税
動物病理学	150	本体価格 3,000 円＋税
動物微生物学（動物感染症学）	調整中	調整中
動物寄生虫学	148	本体価格 3,000 円＋税
公衆衛生学	調整中	調整中
動物薬理学	212	本体価格 3,000 円＋税
動物医療関連法規 総論各論	160	本体価格 3,000 円＋税
人と動物の関係学	124	本体価格 3,000 円＋税
動物福祉学	132	本体価格 3,000 円＋税
動物飼養管理学	200	本体価格 3,000 円＋税
基礎動物看護学	100	本体価格 3,000 円＋税
基礎動物看護技術	256	本体価格 3,000 円＋税
動物外科看護技術	148	本体価格 3,000 円＋税
動物臨床検査学	192	本体価格 3,000 円＋税
動物栄養管理学	160	本体価格 3,000 円＋税
臨床動物看護学　総論	112	本体価格 3,000 円＋税
臨床動物看護学　各論	344	本体価格 6,000 円＋税

interzoo
〒150-0002
東京都渋谷区渋谷 1-3-9

受注専用TEL. 0120-80-1906
受注専用FAX. 0120-80-1872
お電話受付：平日10:00〜18:00　FAX受付：年中無休・24時間受付

●インターネットで http://www.interzoo.co.jp/